KB064638

문경수의
제주 과학 탐험

문경수의
제주 과학 탐험

탐험가가 발견한
일곱 가지 제주의 모습

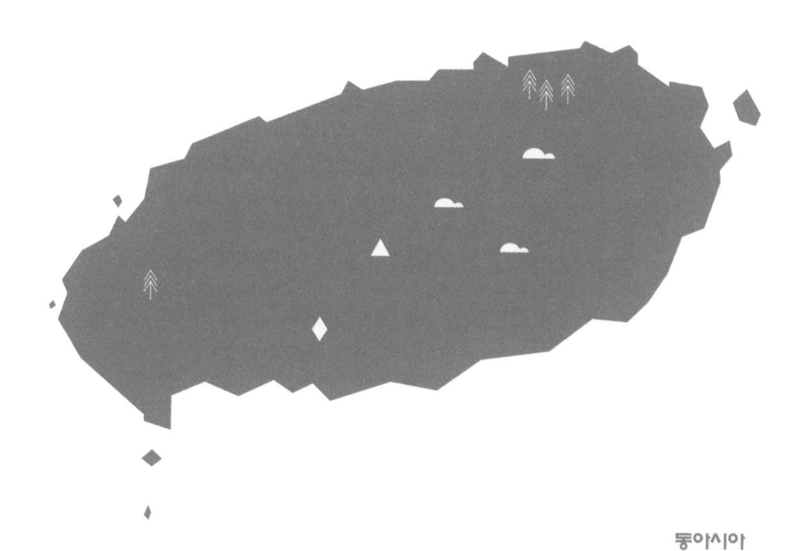

동아시아

제주는 발견되고, 잊힌다

나에게 제주는 낙원이다. 고등학교 때 수학여행으로 처음 만난 제주는 설렘 그 자체였다. 육지에서 태어나 버스와 기차 외에는 탄 적이 없는 촌놈이 빌딩만 한 배를 타고 바닷길을 건너는 건 흡사 눈을 처음으로 마주한 열대지방 사람의 마음 같았다. 막상 제주에 도착해서는 여느 수학여행처럼 선생님 눈을 피해 밤새 친구들과 놀고 낮에는 버스 안에서 잠을 자느라 구경은 뒷전이었다. 기억에 남는 장소는 웅장하게 솟구친 성산일출봉과 선물용 감귤을 샀던 대형 마트가 전부였다.

두 번째 제주는 제대 후 여자 친구와 함께한 자전거 여행이었다. 자동차 대신 자전거로 제주도 해안을 한 바퀴 도는 게 멋이었던 시절이다. 여비가 부족한 복학생은 또 다시 배를 타고 제주로 향했다. 지금에 비하면 차도 훨씬 적었고 육지보다 널찍

한 자전거 도로 덕분에 즐겁게 자전거 일주를 마쳤다. 그 뒤로 시간과 여유만 생기면 자전거 일주를 감행했다. 하이킹 횟수가 늘어나면서 친구들 사이에서 제주도 전문가로 유명해졌고, 제주 여행을 꿈꾸는 친구들에게는 제주의 아름다움을 무용담처럼 늘어놓았다. 하이킹을 하며 만났던 제주는 쭉 뻗은 도로와 쪽빛 바다가 아름다운 섬이었다. 그저 그것이 전부였다. 좀 더 아는 척을 하자면 제주에서 쉽게 볼 수 있는 검은 돌이 현무암이라는 얕은 지식이 전부였다.

몇 년 뒤 결혼을 하고, 팍팍한 현실을 버티느라 자전거 일주조차 사치인 시절을 보냈다. 잠시 제주를 잊고 살았다. 신혼여행을 계기로 첫 해외여행을 경험하고 제주는 잊어버린 시절이기도 했다. 그러던 어느 날, 열심히 활동하던 독서 모임에서 일본의 문호 시바 료타로司馬遼太郎가 쓴 《탐라기행耽羅紀行》이라는 책을 만났다. 이방인의 제주 여행기 정도로 생각하고 가볍게 첫 장을 넘겼다가 무언가에 홀린 듯 첫 문장에 사로잡혔다.

상상의 나래를 펼쳐 고대를 향해 퍼득이면 동심이 된다.

《일본서기日本書紀》를 탐독하던 시바 료타로는 책에 기록된 탐라국의 아름다움에 빠져든다. 누구나 일생에 한 번은 꼭 가

보고 싶은 여행지가 있을 것이다. 시바 료타로는 그 여행지로 아일랜드와 헝가리 평원, 그리고 제주를 꼽았다. 그는 다른 책을 집필하기 위해《일본서기》를 펼칠 때마다 전설 속 '탐라국'을 만나게 되자 우연이 아닌 필연으로 생각하고 탐라 여행을 계획한다.

나는《탐라기행》을 읽으면서 단순히 제주를 여행하는 것이 아닌, 자신의 삶과 나라, 역사와의 얼개를 만들어 내는 그의 문장에 묘한 쾌감을 느꼈다. 전문가가 아님에도 제주의 형성 과정과 화산에 대한 과학적 호기심을 갖고 있는 부분도 놀라웠다. 더 솔직히 표현하면 나 자신이 제주에 대해 알고 있는 것이 너무 표면적이지 않은가 싶어 지적 허기짐을 느낄 정도였다. 이때 생긴 지적 허기짐 때문이라고 단정 지을 수는 없지만 호기심을 따라가다 보니 나는 지금 탐험가의 길을 걷고 있다. 그것도 과학을 주제로 지구 곳곳을 탐험 중이다.

지난 10년간 화성 탐사를 준비하는 NASA의 우주생물학자, 열사의 사막에서 공룡의 비밀을 찾는 공룡학자들과 함께 수차례에 걸쳐 국제적인 탐험 프로젝트에 참여했다. 다른 이들은 책이나 텔레비전에서나 보는 공룡 화석을 찾아나서는 일, 화성과 비슷한 붉은 땅 위에서 수억 년 전에 살았던 미생물의 흔적을 발견하는 일은 그 자체만으로도 흥미로웠다. 해외 탐험에 심취해 있을 때, 함께 탐험하던 과학자들에게 "한국에도 과학적 가치가 높은 지질 명소가 많다"는 이야기를 심심치 않게 들었다. 그저 인사치레로 하는 이야기라 생각했지만 해외에 비해 국내를 탐험할 기회가 적었기에 늘 마음 한구석에 짐으로 남았다. 그렇게 차일피일 미루다 2009년 하와이 빅아일랜드Big Island로 향하는 비행기 안에서 우연히 제주를 떠올렸다. 용암지대로 둘러싸인 빅아일랜드 섬 가운데 우뚝 솟은 마우나케아 산Mauna Kea Mt.과 마우나로아 산Mauna Loa Mt.이 제주도와 한라산을 연상시켰기 때문이다.

당시 하와이 탐험의 목적은 마우나케아 산 정상의 천문대를 방문하는 것이었다. 천문학의 성지로 불리는 마우나케아 산은 열세 개의 거대한 망원경이 우주를 관측하고 있는 곳이다. 미 공군이 광활한 용암지대를 부수고 만든 새들 로드Saddle Road를 지나 마우나케아 산 정상으로 향하는 내내 제주에 대한 생각을 떨쳐 버릴 수가 없었다. 게다가 섬 안에 있는 킬라우에아 화산Kilauea Mt.은 아직 활동 중인 활화산이 아닌가. 용암지대 아래로 흐르는 마그마가 바다와 만나 굳어지면서 울어대는 소리가 장엄하기 그지없었다.

그렇게 섬이 자라고 있는 풍경을 한참 동안 넋을 놓고 보았다. 마치 하와이 화산의 여신 '펠레Pele'가 제주도 이런 과정을 거쳐 생겨났다고 귓속에 대고 속삭이는 것만 같았다. 여전히 유황가스와 수증기를 내뿜고 있는 역동적인 땅 위에 세워진 10층 높이의 천문대는 잊지 못할 인상적인 모습이었다. 비록 지금은 숨을 쉬지 않지만 화산활동으로 만들어진 제주도, 그리고 한라산 중턱에서 우주의 비밀을 파헤치고 있는 탐라전파천문대의 모습이 마치 필연처럼 다가왔다.

그 뒤로 제주를 찾을 때면 한라산과 탐라전파천문대를 꼭 찾았다. 그렇게 10여 년의 시간이 흘렀고, 2017년 녹음이 짙은 5월에 한 예능프로그램을 촬영하기 위해 다시 제주를 찾았다. 운 좋게도 제주의 천연기념물과 과학적인 의미가 있는 장소들을 방송에서 소개할 수 있었다. 일주일이라는 짧은 시간 때문에 접근이 편한 순서대로 탐험 동선을 짰다. 문화재청 공달용 박사에게 자문을 구하던 중 비양도가 눈에 띄었다. 연간 수십만 명의 여행자가 찾는 협재해수욕장 바로 앞에 있는 그림 같은 섬이지만 섬 주민과 한가로움을 즐기려는 여행자 외에는 찾는 이가 드물다. 하지만 하루만 제주에 머문다면 주저 없이 비양도에 가보라고 추천할 정도로 비양도는 보물섬이다. 제주도가 하와이 빅아일랜드의 축소판이라면 비양도는 제주의 축소판이다. 걸어서 한 시간이면 섬 전체를 둘러볼 수 있는 작은 섬이지만 용암해안, 화산탄, 용암 굴뚝, 분화구까지 발견할 수 있어 알고 보면 매력이 두 배가 되는 섬이다.

다시 제주를 만나며 비양도 외에도 수만 년 동안 화산재가 겹겹이 쌓여 만들어진 수월봉 화산쇄설층, 용암 동굴만큼 자연사에서 중요한 용암 하천 효돈천, 파도가 조각한 갯깍주상절리, 생물 다양성의 보고인 동백동산 람사르 습지 등 제주가 간직한 지구의 기억과 인간의 삶과 연결된 자연의 이야기를 함께 만날 수 있었다. 더불어 이토록 아름다운 제주를 보존하고 아끼는 탐라도의 탐험가들을 만났다. 제주를 알면 알수록 제주에는 진짜 탐험가가 많다는 사실을 새삼 알게 되었다. 제주에서 태어나 제주대학교에서 학위를 받고 제주를 연구하는 사람들, 학위를 받지는 않았지만 제주에 대한 호기심과 애정으로 자연스럽게 제주 지킴이가 된 사람들. 어디 그뿐인가, 제주에서 태어나지는 않았지만 우연히 만난 제주의 자연에 빠져 인생을 제주에 바친 사람들까지, 바로 이들이 지금의 제주를 보존하는 파수꾼이다.

나에게 제주 탐험은 발견되고 잊히는 제주의 원형을 찾는 탐험이다. 더 깊이 들어가면 다른 시대로 떠나는 특별한 시간 여행이다. 그리고 제주를 생각하면 지금도 어디에선가 제주의 사람들을, 자연을 탐구 중인 탐라도 탐험가들이 떠오른다.

Contents

Prolog 제주는 발견되고, 잊힌다 4
제주 탐험 지도 12

Epilog 제주의 과학자와 탐험가에게 280
제주의 지질 명소 287

제주 탐험의 문을 찾아서

제주, 탐험을 시작하다 16
탐라에서 시작한 지금의 제주 28
대동호텔 303호 34

화산탄의 비밀을 찾아서

제주도의 축소판, 비양도 46
화구가 뱉어 낸 부메랑, 화산탄 61
기묘한 용암 굴뚝, 호니토 68
수월봉, 화산이 오선지에 그린 음표 75

탐라도 우주 극장

우주를 보다, 탐라전파천문대 96
제주도 푸른 별 아래 107
탐라에서 우주까지 117

오름과 오름 사이 비밀의 숲, 습지

제주에서 발견하는 습지 생태 134

세 개의 오름 사이에 숨어 있는 숨은물뱅듸습지 145

지구상에서 제주도에만 사는 제주고사리삼 156

마법의 정원, 곶자왈

늘 발견되고, 늘 잊히는 땅 곶자왈 172

숨 쉬는 땅 선흘곶자왈 185

버려진 땅, 기회의 땅 198

육각형 용암 기둥의 비밀

용암이 만든 오르간, 주상절리 212

조수웅덩이와 갯깍주상절리 226

바다에서 본 월평동굴과 주상절리, 그리고 한라산 233

거문오름 화산체의 비밀

그야말로 오름의 땅, 제주 246

만장굴, 지하 세계 속으로 260

동굴 밖으로 273

제주 탐험 지도

제주특별자치도
민속자연사박물관
제주국제공항
비양도
협재해수욕장
숨은물뱅듸습지
1100고지습지
한라산
환상숲 곶자왈
차귀도
수월봉
제주항공우주박물관
탐라전파천문대,
서귀포천문과학문화관
천제연폭포
안덕계곡
산방산
용머리해안
갯깍주상절리
중문대포해변 주상절리
하논분화구
송악산
가파도
마라도

월정리
함덕해수욕장
선흘곶자왈
만장굴
동백동산습지
우도
성산일출봉
거문오름
물장오리오름
물영아리오름
쇠소깍

제주 탐험의 문을 찾아서

제주민속자연사박물관

△

대동호텔

▽

이즈미 세이이치

제주,

탐험을 시작하다

지금 나는 제주도로 향하는 비행기 안이다. 이번 탐험의 대상은 제주도의 자연이다. 자연이라는 단어의 범위는 무척 넓다. 초원에 핀 이름 모를 꽃부터 하늘을 나는 새까지 자연을 터전으로 살아간다. 만약 주제를 정하지 않고 무작정 자연을 탐험한다면 길을 잃어버리고 말 것이다.

탐험은 준비가 필요하다. 우선 지도와 식량, 튼튼한 탈 것을 준비한다. 미리 선발대를 보내서 준비하기도 하지만 막상 탐험을 시작하면 늘 예상치 못한 상황이 펼쳐진다. 아프리카를 떠나 새로운 보금자리를 찾아 나선 최초의 인류부터 남극점을 탐험했던 로알 아문센Roald Amundsen까지, 시대에 따라 탐험의 목적과 대상은 달라지지만 탐험가들이 겪는 난관은 크게 다르지 않다. 현대에는 더 이상 탐험할 오지가 없을 것 같지만 인간은 계속 탐험한다. 인간은 왜 탐험을 하는 걸까. 나는 함께 탐험하고 싶은, 믿을 만한 동료가 있기 때문이라고 생각한다. 그들은 공통의 관심사를 가지고 미지의 세계를 동경한다. 결국 탐험에서 가장 중요한 건 사람이다. 탐험은 사람을 찾고 만나는 일의 연속이며 함께 자연의 문을 열고 들어갈 동행자를 찾는 과정인 것이다.

지난 5월, 한 화산학자의 안내로 제주도를 둘러보았다. 비양도, 수월봉, 효돈천, 선작지왓. 익숙한 지명이지만 낯설었다. 수십 번은 다녀간 제주가 낯선 이유는 무엇 때문일까. 자료도 찾아보고 책도 읽어 보았지만 여전히 낯설다. 며칠 간 이 낯섦의 실체를 고민하다가 실마리를 얻기 위해 과학자인 지인과 만나기로 했다. 화창한 평일 오후 서대문자연사박물관 카페에서 서울시립과학관 이정모 관장과 서대문자연사박물관 백두성 학예연구사와 만났다. 이 관장에게 제주 자연의 원형을 탐험하고 싶다는 말을 뱉기도 무섭게 제주민속자연사박물관 김완병 박사를 소개받았다. 함께 차를 마시던 백 학예사도 고개를 끄덕였다. 김완병 박사는 새를 연구하는 학자이지만 현장 경험이 풍부해 제주를 손바닥처럼 꿰고 있다고 했다. 그가 일하는 곳이 민속자연사박물관이라는 말을 듣고 자연사박물관과 비슷한 곳일까 생각했지만 민속이란 단어가 주는 느낌 때문에 제주 사람들의 역사와 삶을 다루는 박물관이 아닐까 싶기도 했다. 어쨌든 호주와 몽골을 함께 탐험한 두 과학자에 대한 믿음으로 그를 만나기로 했다.

다음 날 김완병 박사와 통화를 하고 제주행 비행기에 몸을 실었다. 혼자 떠나는 탐험이지만 김 박사를 알게 되어 다행이라 생각하면서. 일주일쯤 제주에 머무를 계획이라 강연도 두어 개 잡았다. 제주 사람들은 제주를 어떻게 생각하며 살아가는지 궁금했다. 강연보다는 그들과의 대화가 목적인 셈이었다.

첫 목적지는 제주민속자연사박물관이다. 박물관으로 이동하면서 바라보는 제주의 시내 풍경이 익숙했다. 예전에 자전거 일주를 하며 지나던 길이다. 내비게이션이 없던 때라 자전거 대여점에서 받은 지도에 의존해 허둥지둥 시내를 빠져나갔다. 한시라도 빨리 푸른 바다를 보고 싶은 마음이 앞섰기 때문이다. 민속자연사박물관 앞을 수없이 지나갔지만 그때는 이곳이 보이지 않았다. 현무암으로 입구를 만든 이름 모를 기념관 정도로 생각했다.

김포에서 첫 비행기를 타고 왔더니 박물관은 아직 문을 열지 않았다. 어스름한 새벽빛에 마주한 박물관의 느낌이 좋다. 오래전 파리에 갔을 때가 떠올랐다. 파리국립자연사박물관이 너무 보고 싶어서 새벽 네 시에 일어나 박물관으로 향했다. 시간

이 지날수록 햇빛이 비치며 온기를 품는 박물관 외벽과 창문 사이로 보이는 동물 골격이 강렬한 인상을 주었다. 박물관 건너편 카페에서 바라본 그 모습이 너무 아름다워 정작 박물관은 다음날에 갔다. 민속자연사박물관 근처에 문을 연 카페가 없어 시간을 때울 겸 근처 식당에 들어가 고기국수를 시켰다. 이른 아침이라 식당 손님은 혼자다. 음식이 나오는 동안 낯선 도시를 탐미하듯 식당 구석구석을 살폈다. 나는 식당에서 그 지역의 특색을 찾아본다. 식당 벽에 걸린 그림이나 사진을 보면 주인의 기호를 알 수 있다. 때로는 간판을 보며 자녀 이름이나 식당의 개

업 연도를 추리해 본다. 벽에 낡은 한라산 사진이 걸린 걸 보니 주인은 등산을 좋아하는 걸까? 무엇보다 국수의 양이 푸짐하고 밑반찬으로 수육이 나온 걸 보니 인심이 후하다는 건 알겠다.

식사를 끝내고 살포시 내리는 이슬비를 맞으며 박물관으로 걸어갔다. 매표소를 지나자마자 보이는 작은 숲과 돌하르방이 정겹다. 현무암으로 만든 돌계단을 올라 박물관 로비에 도착했다. 잠시 후 김완병 박사와 지질 담당 학예연구사인 김현경 선생을 만났다. 가볍게 인사를 나눈 뒤 박물관을 둘러보았다. 제주민속자연사박물관은 1984년에 개관한 곳으로 김홍시 건축

가가 박물관을 설계해 제주를 대표하는 문화시설로 자리매김했다. 어느 나라든 그곳의 자연사박물관은 그 나라의 자연사 연구 수준을 보여 주는 지표가 된다. 전시된 표본은 해당 지역의 연구와 보존이 얼마나 잘되고 있는지 단적으로 보여 준다. 제주도는 다른 지역에 비해 상황이 나은 편이다. 아직까지도 원형이 잘 보존되어 있고 제주가 가지고 있는 지리적·문화적 특징이 분명하기 때문이다.

흔히 박물관을 전시하는 장소로만 생각하는데 연구 부문이 먼저다. 박물관에 학예연구사가 존재하는 이유이기도 하다. 제주민속자연사박물관은 분야별 학예연구사가 근무하는 덕분에 제주의 민속 자료를 포함해 동식물, 광물, 해양 생물 표본이 짜임새 있게 전시되어 있다. 무엇보다 단순한 지식 전달을 넘어 제주인의 삶이 투영되어 있는 자연사 표본을 곳곳에서 만날 수 있다. 30년이 넘는 시간 동안 한자리를 지켜온 공간과 전시품 덕분에 박물관이라기보다 시골 할머니 집 다락방을 들여다보는 푸근함이 느껴진다.

로비에 들어서자마자 길이 5미터가량의 산갈치 표본이 눈에 띈다. 산갈치는 갈치와 비슷하지만 은색의 비늘 대신 짙은 은색의 돌기가 몸 전체를 감싸고 있다. 제주 연안 바다는 수온이 높아 갈치의 먹이인 멸치가 많아서 갈치 어장이 풍부하다.

산갈치 / Oarfish / 勒氏皇带鱼 / リュウグウノツカイ

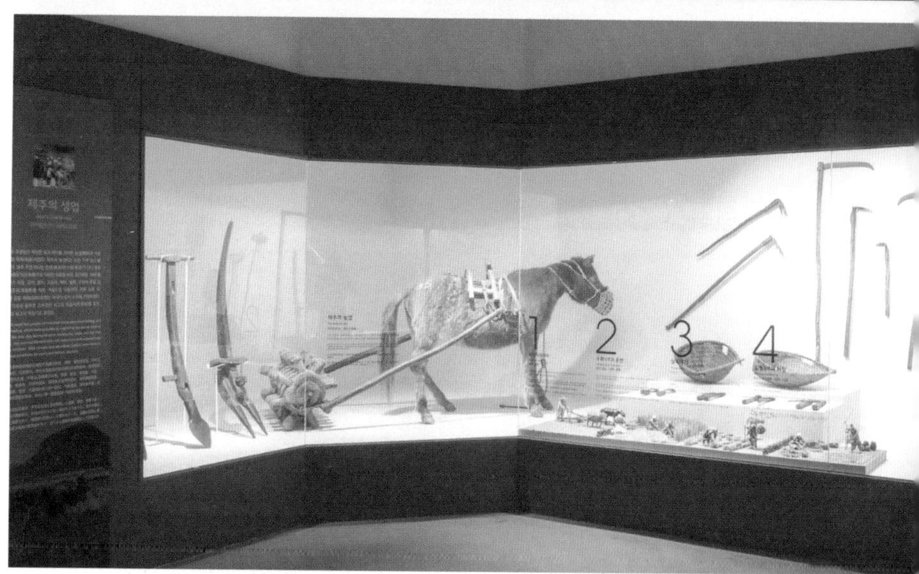
제주의 생업
1
2
3
4

숲속으로
Forest
O2

살아 숨 쉬며 빛을 내는 은백색 갈치는 아니지만 원형을 잘 보존해 바다를 헤엄치던 갈치의 모습이 그대로 상상된다. 갈치 표본 옆으로 제주의 용암 동굴을 형상화한 공간이 이어지고 제주 탄생 설화인 설문대할망과 삼성혈 신화를 소개하는 영상이 방송되고 있다. 이른 시간이라 한적할 거라 생각했지만 아이와 함께 온 가족부터 수학여행을 온 학생들까지 생각보다 훨씬 북적거렸다.

부임한 지 1년쯤 된 김현경 학예연구사가 기획했다는 지질 코너로 향했다. 벽면에 수월봉 화산쇄설층을 유화로 그려놓고 수월봉에서 채집한 화산탄, 현무암 자갈, 조면 현무암 같은 표본을 만질 수 있게 전시해 두었다. 그밖에도 한라산의 고도별 식물 분포와 생태계, 제주도 곤충의 다양성, 척추동물의 진화 과정과 제주만이 갖고 있는 독특한 자연의 모습이 전시관별로 잘 소개되어 있었다. 전시관과 별도로 가장 눈에 띄는 공간은 제주의 소리를 체험하는 공간이었다. 곤충 코너가 끝나는 지점에 제주의 아름다운 자연을 담은 영상이 나오는 휴식 공간에 있었는데 영상도 좋았지만 고음질 음향 덕분에 곶자왈 한복판에 있는 기분이 들었다. 몇 해 전 노르웨이 한 방송에서 기차를 타고 지나가는 풍경을 광고 없이 24시간 동안 보여 주는 프로그램을 만들어서 시청률 40%를 기록했다는 기사를 본 적이 있다. 자극적인 영상과 도시의 소음에 지친 현대인들에게 자연만큼 위안을 주는 것도 없다. 중문 해안의 파도 소리, 한라산의 새소리가 눈과 귀를 편안하게 만든다.

박물관을 둘러본 후 커피를 들고 뒷마당에 마련된 야외 정원으로 자리를 옮겼다. 야외 정원은 제주 전통 가옥을 형상화한 사각형 구조 가운데에 위치해 있다. 카페가 있는 공간은 통유리로 되어 있어 박물관 가운데 있는 제주 몰방애(곡식을 도정하는 농기구)와 현무암으로 만든 절구 모양의 석물, 그리고 무덤에 세웠던 동자석이 한눈에 보였다. 각기 쓰임새는 다르지만 제주에서 쉽게 구할 수 있는 돌을 사용해 만든 물건들이다. 돌은 나무처럼 마모되거나 부식되지 않아 습기가 많은 제주 기후에 가장 알맞은 재료다.

두 사람 모두 처음 만났지만 관심사가 비슷해서 금방 이야기가 편해졌다.

“이번에는 어디를 탐험할 계획인가요.”

“5월에 답사했던 지역을 다시 돌아보려고 합니다.”

“제주는 큰 섬이라 동선을 잘 짜야 할 거예요.”

제주를 손바닥 들여다보듯 훤히 꿰고 있는 김 박사의 말처럼 제주는 크고도 깊다. 세계자연유산이나 지질공원으로 선정된 지역만 답사한다고 해도 아마 몇 개월은 걸릴 것이다. 게다가 단순히 보기만 하는 것과 이해하는 것은 다르다.

"제주도는 알면 알수록 넓고 깊은 것 같아요. 제주 자연의 원형을 알고 싶은데 들어가는 문이 어디에 있을지, 시작부터 막막해요."

"맞아요. 단순히 자연 경관을 본다고 제주가 보이는 것은 아니에요. 제주 형성 기원, 생태계, 그리고 제주인의 삶과 역사를 함께 이해하지 못하면 흔한 정보에 불과해요."

눈앞의 제주가 모습을 감추고 있는 기분이다. 그만큼 제주가 다채로운 모습을 품고 있다는 이야기지만 탐험에 나설 문을 찾지 못하니 답답했다. 앞으로 만나게 될 제주의 모습에 기대감을 품은 채 새로운 제주를 만날 첫 번째 장소로 비양도를 선택했다.

탐라에서 시작한
지금의 제주

제주에서 두 자녀를 키우는 김현경 학예연구사는 내가 오후에 탐라중학교에서 강연을 한다고 하니 놀라는 눈치다. 육지에 비해 제주 아이들은 강연 기회가 적다고 말하며 아쉬움을 표한다. 비용과 시간을 감수하면서 제주에 내려오는 강연자가 많지 않아 가끔 박물관에서 주관하는 초청 강연회가 아니면 외부 강연을 접하기가 힘들다고 한다.

이야기를 마치고 강연을 위해 탐라중학교로 향했다. 여느 때 같으면 강연하러 가는 길이 설레었겠지만 오늘은 부담이 앞섰다. 이제 막 제주를 이해하려고 도전하는 이방인이 제주의 사람들에게 무언가를 이야기하는 상황이 조금 어색했다. 그럼에도 강연을 하게 된 이유는 제주의 미래를 만들어 갈 학생들의 생각을 엿보고 싶었기 때문이다. 기성세대야 태어나고 자란 땅에 대한 애착이 남다르겠지만 현실보다 모바일 환경에 익숙한 중학생 또래 아이들은 제주를 어떻게 바라보고 있을까. 하지만 무엇보다 탐라중학교라는 학교 이름이 맘에 들었다. 어느 지역이든 그 지역의 옛 지명을 학교 이름으로 쓰는 경우가 많다. 육지에서 찾는다면 경주가 그렇다. 서라벌, 반월, 신라 같은 경주의 옛 이름을 학교 이름으로 많이 사용한다.

'탐라耽羅'는 '깊고 먼 바다의 섬나라'라는 의미로 제주에 있던 옛 나라의 이름이다. 탐라는 2,200년 전쯤에 세워져 1,000년간 고유한 문화를 유지한 독립국으로 형성 초기부터 바닷길을 개척해 외부와 교역한 기록이 《삼국사기》에 남아 있다. 참고로 제주시 화북일동에 있는 오현고등학교의 '오현五賢'은 조선시대에 제주로 유배되었거나 방어사로 부임해 제주 발전에 공헌한 다섯 선비 충암 김정, 규암 송인수, 청음 김상헌, 동계 정온, 우암 송시열을 부르는 말이다. 당시 기록을 보면 제주로 유배 온 선비들은 유배의 허탈감을 제주 사람들과 함께 이겨냈다고 한다. 후학을 양성하고 제주 사람들에게 지식을 전달하고 제주의 문화적 수준을 끌어올리는 데 힘썼다.

탐라중학교는 생긴 지는 오래되지 않은 학교로 제주 현지인과 이주 가정의 자녀들이 함께 다닌다. 오현을 떠올리니 이주민들이 제주에 다양성을 이식하는 느낌이 든다. 학교에 도착하니 교복 차림의 아이들과 담당 선생님이 활기차게 인사하며 반겨 주었다. 강연을 마치고 질문이 오고갔다. 학생들은 호주 탐험에 대해 궁금해했고 나는 제주에 대해 궁금한 것을 물었다. 우선 제주는 어떻게 만들어졌는지를 물었다. 몇몇 학생이 큰소리로 "화산 폭발로 만들어졌다!"고 당당하게 대답했다. 이어서 세계자연유산으로 지정된 곳을 모두 아느냐고 묻자 대답하는 학생 수가 눈에 띄게 줄었다. 사실 백제의 수도 공주公州에서 나고 자란 나도 무령왕릉 고분의 개수나 발견된 유물을 물으면 제대로 대답하지 못할 것이다. 이런 질문은 어디까지나 관심의 문제다. 오전에 제주민속자연사박물관에서 본 세계자연유산에 대해 알려주고 2009년 하와이 탐험 때의 기억을 떠올리며 부연 설명을 했다.

"제주도와 하와이는 공통점이 있습니다. 마그마를 머금고 있던 해저에서 화산이 폭발해 만들어진 순상화산이라는 점입니다. 두 섬 모두 방패를 엎어 놓은 듯한 모습이지요."

제주도가 만들어진 과정은 수업 시간에도 많이 들었겠지만 그 가치는 잘 모르는 경우가 많다. 하와이 탐험 때 만난 현지 연구자는 제주도를 "동방의 하와이"라고 불렀다. 해외 연구자들 사이에서 제주도는 화산학적으로나 경관적인 측면에서 매력적인 땅으로 유명하다. 해외에 나가 우연히 만난 여행자와 이야기하다 보면 제주도를 꼭 한 번 가 보고 싶다는 말을 종종 듣는다. 그들에게 제주도는 동방에 있는 아주 특별하고 신비한 섬으로 인식되어 있다.

질문이 오가던 중 선생님이 이야기를 꺼냈다. 제주에 살고 있는 학생들도 제주 자연의 원형을 접할 기회가 육지 학생들에 비해 특별히 더 높지는 않다고 했다. 제주시에 거주하지만 우리 생각만큼 서귀포나 중문, 제주 구석구석을 자주 방문하지 않는다는 이야기로 들렸다. 게다가 제주어를 접할 기회가 점점 줄어든다고 했다. 제주어를 쓰는 노년층이 줄어들고 있으며 젊은 세대의 탈제주로 인해 제주어가 계승되지 않는 것이다. 머지않아 제주 아이들도 박물관에 가서 교양 수업으로 제주어를 배우는 날이 올지도 모른다는 생각이 들었다.

얼마 전 제주가 고향인 대학생을 만나 이야기를 나눈 적이 있었다. 그 학생의 이야기에 따르면 제주 학생들은 학교에서 따로 제주어를 배우지 않아도 조부모 세대가 제주어로 대화하는 내용은 전부 이해한다고 말했다. 놀라웠다. 제주 사람들의 삶과 함께 해온 제주어를 굳이 배우지 않아도 그들의 유전자 속에 체화되어 전해지는 건 아닐까. 다행인 것은 요즘 제주에 이주하는 사람들이 늘면서 이주민을 대상으로 제주 문화와 제주어를 소개하는 프로그램이 생겼다고 한다. 물리적 공간만 옮겼다고 제주 사람이 되는 건 아니니까 말이다. 그들의 삶을 지탱하는 언어문화야말로 제주인과 이주민을 이어 주는 오작교가 아닐까.

대동호텔 303호

강연을 마치고 교문을 나서니 구름 한 점 없이 쾌청하다. 마치 지중해 어느 소도시를 여행하는 기분이다. 이번 탐험은 이동이 많아 숙소를 미리 잡지 않았다. 비양도를 탐험할 예정이니 한림이나 협재 근처에 숙소를 잡는 게 좋겠지만, 연락이 뜸했던 제주 지인들을 만날 생각에 전화번호를 뒤졌다. 호주에 있다가 한국에 돌아온 직후, 모임에서 알게 된 제주창조경제혁신센터 전정환 센터장과 연락이 닿았다. 그는 제주 지역 스타트업을 발굴하고 지원하는 일을 하고 있다. 시청 근처에 있는 그의 사무실로 향했다. 거의 5년 만이지만 SNS을 통해 근황을 나누던 터라 어색함은 금세 사라졌다. 이야기를 나누다 숙소를 걱정하자, 동문시장 로터리에 있는 대동호텔을 추천해 주었다.

대동호텔은 미술관 큐레이너 출신 대표가 운영하는 곳으로

50년 가까이 된 호텔이라고 한다. 몇 해 전 호텔 1층을 아트센터로 리모델링하고 주기적으로 미술전을 개최하는 독특한 곳이란다. 그의 추천에 주저 없이 예약을 했다. 대동호텔로 가기 전, 탑동에 있는 북카페로 자리를 옮겼다. 탑동에 위치한 아라리오미술관에서 운영하는 카페로, 이전에는 관광객을 위한 숙소가 즐비했던 탑동에 북카페, 카페, 숍, 미술관이 들어서며 새로운 문화 구역으로 유명세를 얻고 있다.

오래된 건물을 개조한 북카페는 콘크리트 외벽이 그대로 노출된 공간이었다. 바다와 가까운 카페이니 직감적으로 일몰을 바라보며 차를 마시는 공간을 상상했다. 요즘은 어디를 가도 특색 있는 독립서점과 북카페를 만날 수 있기에 제주에 있는 이 북카페에는 어떤 책이 있을지 궁금했다. 서가를 둘러보니 제주를 포함해 전국적으로 특색 있는 독립서점의 책을 모아 큐레이션해 놓았다. 잡지를 비롯해 쉽게 구하기 힘든 외국 서적, SNS 유명 인사가 추천한 책도 서가를 차지하고 있었다. 카페를 둘러보다 제주 관련 여행책을 모아 놓은 서가를 찾았다. 익숙한 책들 사이에서 《제주도濟州島》라는 책이 눈에 띄었다. 특이하게도 저자가 일본인이다. 몇 해 전 시바 료타로의 《탐라기행》을 만난 순간이 생각났다. 별 생각 없이 손에 잡히는 대로 페이지를 넘겼다. 앞부분에 스무 장 정도의 오래된 제주 사진이 나왔다. 그냥 사진이 아니었다. 구도가 멋지고, 아름다운 풍경을 찍은 사진이 아니라 무언가를 기록하기 위해 찍은 사진처럼 보였다. 다시금 살펴본 책의 부제는 '일본 문화인류학자의 30년에 걸친 제주도 보고서'였다. 이 책의 저자는 식물학자가 식물표본을 수집하듯 제주의 모든 것을 기록하겠다는 듯 서문과 목차를 썼다.

저자 이즈미 세이이치泉靖一는 1935년 여름에 처음으로 제주를 방문하고 그해 겨울 한라산 등반을 감행한다. 하지만 불행하게도 하산하던 중 후배를 잃게 되고 그는 이 일을 계기로 전공을 일문학에서 문화인류학으로 바꾸게 된다. 이듬해인 1936년부터 1965년까지 30년간 제주를 조사했고 그 오랜 시간을 담은 결과물이 바로 이 책인 것이다. 죽은 후배를 기리기 위해서였을까. 타국의 문화인류학자의 노력으로 국적과 이념을 넘어선 제주학 보고서가 탄생한 것이다. 《제주도》는 1966년 일본에서 출간되었고 국내에는 2014년이 되어서야 번역되었다. 뒷면의 역자 후기에 그 사연이 있었다. 이 책의 번역자는 제주 언론인인 김종철 선생으로 그는 제주 최초의 산악회인 제주산악회 창립회원이었고 평생에 걸쳐 한라산과 제주를 답사했다. 또한 제주도에 있는 330여 개의 오름을 모두 답사한 후 제주 오름에 대한 최초의 종합 보고서인 《오름 나그네》를 집필했다. 김종철 선생은 우연히 일본에서 출간된 이즈미 세이이치의 《제주도》를 발견했고 제주를 공부하는 후학을 위해 틈틈이 번역을 시작했다. 하지만 김종철 선생이 1995년 암으로 세상을 떠나면서 출간이 미뤄졌다가 그의 부인이 대신 책을 출간했다고 한다. 그의 저서 《오름 나그네》를 보면 자신에게 오름이 어떤 존재인지 담담한 문장으로 써내려갔다. 그처럼 제주를 사랑하고 연구했던 선각자들의 노력은 제주학이 만들어지는 디딤돌이 됐다.

제주학은 제주사람들의 유·무형 문화를 총체적으로 분석하는 학문이다. 현대적인 의미에서 제주학의 시발점은 나비박사로 알려진 석주명 선생이다. 1936년 나비연구를 위해 제주에 온 석주명 선생은 본업인 나비연구 외에도 제주도 방언연구에 힘을 쏟았다. 나비의 분포가 방언의 분포와 밀접한 관련이 있다는 걸 알고 제주에 거주하는 2년 1개월 동안 현지답사와 집필 활동에 매진했다. 그의 노력은 제주도총서 여섯 권으로 결실을 맺었다. 1947년 제1권 《제주도방언》을 시작으로 제2권 《제주도생명조사서》, 제3권 《제주도관계문헌집》은 생전에 서울신문사에서 출간됐다. 제4권 《제주도수필》, 제5권 《제주도곤충상》, 제6권 《제주도자료집》은 석주명 선생 사후에 출간됐다. 2년여의 시간 동안 저술한 양을 감안하면 제주에 대한 그의 관심이 얼마나 큰지 가늠해 볼 수 있다.

1980년대 본격적으로 전국적인 지방사 연구가 시작되기

이전부터 제주학은 존재했다. 그만큼 한반도의 다른 지역과 구분되는 역사적, 지리적, 문화적 특성이 존재하기 때문이다. 제주만의 독특한 특성은 국내를 넘어 세계의 이목을 받는다. 제주에서 20년 가까이 기자생활을 한 제주민예총 강정효 이사장의 저서 《한라산 이야기》에 따르면 2008년 노벨문학상 수상자이며 제주명예도민인 르 클레지오는 제주에서 직접 취재한 제주 4·3사건의 아픔과 제주 해녀, 돌하르방 등을 소재로 한 기행문을 유럽 최대 잡지인 <지오GEO>의 창간 30주년 기념 특별호에 기고하기도 했다. 그는 "새가 날다가 아름다운 곳을 찾았을 때 매일 오고 싶어 하는 마음으로 제주를 찾는다"라는 문장으로 제주의 가치와 아름다움을 표현했다.

《제주도》의 저자와 번역자 모두 두 발로 제주의 자연을 기록했던 사람들이다. 그들의 역사를 떠올리며 쉽게 책을 내려놓지 못하고 한 글자라도 더 머릿속에 넣을 생각으로 책장을 넘겼다. 아쉽게도 약속 시간이 되어 이 책을 큐레이션한 라이킷 서점을 메모한 후 발걸음을 옮겼다. 이동하는 내내 책이 머릿속을 떠나지 않았다.

"오늘 정환 님 덕분에 엄청난 발견을 했네요."

"그 정도예요? 무슨 내용의 책이기에."

"80년 전 제주의 원형을 만났어요. 일부는 여전히 유효할 지도 모르는."

호텔에 도착하니 그의 지인들이 로비 옆 살롱에 자리를 잡고 있었다. 가볍게 인사를 나누고 우선 방으로 갔다. 객실은 호텔 본관과 구름다리로 연결된 별관 303호다. 별관으로 가는 도중에 있는 객실 통로에 흑백으로 인화한 오름 사진과 비양도에서 본 화산탄이 있었다.

오래된 흑백사진 몇 장과 예술 서적, LP음반이 놓인 살롱은 마치 뉴욕의 탐험가 클럽 같았다. 탐험가들이 발견한 수집품이 전시된 클래식한 공간이자 미지의 세계와 연결되는 공간 말이다. 그곳에서 대동호텔 박은희 대표, 갤러리에서 한국 민화를 전시 중인 신기영 작가와 인사를 했다. 이런저런 이야기를 나누는 동안에도 주위의 물건에 시선이 갔다. 특히 소파에 있는 흑백사진에서 눈을 뗄 수가 없었다. 박은희 대표에게 물어보니 호텔 창업주인 부친이 한라산을 등반하며 찍은 사진이라고 했다. 혹시나 싶어 김종철 선생을 아는지 물었다. 그녀는 기다렸다는 듯이 미소를 지으며 자신의 부친과 함께 산악회 활동을 했다고 말했다. 불과 몇 시간 전에는 책에서만 살고 있던 두 거장의 숨결이 가까이에서 느껴지는 듯했다. 어쩌면 그 두 사람도 이 살롱에 한 번쯤은 머무르지 않았을까.

늦은 밤까지 북카페에서 발견한 책과 제주에 대해 대화를 이어갔다. 대화가 끝나갈 때쯤 박은희 대표에게 로비에 있는 돌이 화산탄 아니냐고 물어보았다.

“세상에, 어떻게 아셨어요? 1년에 한두 분 정도가 화산탄인 줄 알아보세요.”

“마침 비양도에 있는 10톤짜리 화산탄을 보러 가거든요.”

방에 들어와 이즈미 세이이치와 김종철 선생에 대해 좀 더 찾아보았다. 안타깝게도 김종철 선생의 저서《오름 나그네》는 절판이 되었지만 그는 아직까지도 제주 오름을 언급하는 기사에 빠짐없이 등장했다.《나의 문화유산답사기》의 저자 유홍준 교수는 “이즈미 세이이치가 30년에 걸쳐 써낸《제주도》는 내게 큰 감동이었다. 그의 학자적 자세에 존경을 보내지 않을 수 없었고, 인류학적 사고의 총체적 시각이 갖는 인식의 힘이 무엇인지를 말해 주는 듯했다”고 말했다.

좀처럼 잠이 오지 않았다. 지금이라도 로비 옆 살롱에 내려가면 전설 속 제주연구자들이 탐험을 준비하고 있을 것만 같았다. 오늘 만난 우연을 기록할 생각에 메모를 끼적거렸다. 우연과 필연이 겹친 날이었다.

제주민속자연사박물관

주소 제주도 제주시 삼성로 40

전화번호 064-710-7708

관람 시간 8:30~18:30

6월~8월 평일 8:30~19:00

휴관 1월1일, 설날, 개관기념일(5월24일),

추석, 훈증 소독 기간(별도 공지)

입장료 어른 2,000원, 청소년 1,000원

정기해설 1일 6회(10시 / 11시 / 13시 /

14시 / 15시 / 16시)

홈페이지 jeju.go.kr/museum/index.htm

대동호텔

주소 제주도 제주시 관덕로15길 6

전화번호 064-722-3070

라이킷 서점

주소 제주도 제주시 칠성로길 42-2

전화번호 010-3325-8796

영업시간 12:00~20:00

휴무 수요일

인스타그램 www.instagram.com/likeit.jeju

화산탄의 비밀을 찾아서

비양도

△

화산탄

▽

호니토

△

수월봉

제주도의 축소판,
비양도

열두 시에 한림항에서 비양도로 떠나는 배편을 예매하고 숙소 주변을 산책했다. 호텔 건너편에 있는 동문시장은 제주를 대표하는 시장답게 이른 시간부터 인산인해다. 시장으로 가다가 동문로터리 옆 산지천 광장에서 눈에 띄는 조형물 하나를 발견했다. 살펴보니 세계지질공원으로 지정된 지역을 상징하는 조형물로 제주를 형상화했다. 중앙에 한라산을 상징하는 석조 구조물이 있고 주변에는 제주 섬 모양의 돌 벤치가 에워싸고 있다. 그냥 지나가면서 보면 평범한 벤치 같지만 지질공원을 소개하는 안내판이 부착되어 있다. 한라산을 포함해서 비양도, 수월봉, 산방산, 용머리해안, 주상절리, 천지연폭포, 서귀포층, 선흘곶자왈, 성산일출봉, 우도, 만장굴을 형상화해 놓았다. 벤치에 앉아 지도를 보는 몇 명의 여행자를 포함해 지나가는 사람들 보

▲ 한라산을 형상화한 산지천 광장의 조형물

◀ 조형물 주위에는 제주의 지질공원을 소개하는 안내판이 있다

두 조형물에 별다른 관심을 두지 않았다. 주의 깊게 보지 않으면 지나쳤을 석조 구조물이지만 보물지도를 발견한 것처럼 반가웠다.

어느 도시를 가든 중심가에는 그 지역을 상징하는 조형물이 있지만 어떠한 연유에서인지 사람들의 관심을 끌지 못한다. 작년 이맘때 갔던 알래스카의 시내 중심가에는 태양계 행성을 구조화한 조형물이 있었다. 누구나 알래스카 하면 연어나 북극곰을 떠올린다. 나 역시 그랬다. 하지만 조형물에 새겨진 문장을 보고 알래스카에 대한 이미지가 바뀌었다. 그 문장은 "우주로 가는 첫 번째 도시, 앵커리지"였다. 일리가 있는 말이다. 알래스카는 북극권이라는 상징성도 있지만 원형의 지구를 놓고 봤을 때 가장 높은 곳에 위치해 있으니 한층 우주랑 가까운 셈이다. 전통적인 방식만 고집하기보다 새로운 관점을 주는 것도 의미가 있다. 여하튼 우연히 발견한 보물 덕분에 기분이 좋아졌다. 화산탄이 있는 대동호텔을 베이스캠프로 삼고 이 조형물을 탐험 지도로 하면 좋겠다는 생각이 들었다.

동문시장에서 아침을 먹고 라이킷 서점에서 이즈미 세이이치의 《제주도》를 구입했다. 평소에 탐험을 떠날 때는 지역적인 특성을 고려해 장비를 챙긴다. 오늘은 접근이 편한 곳이라 카메라, 수첩, 물병 그리고 스노클링 장비만 챙겼다. 제주 서쪽에 있는 가장 유명한 해수욕장, 협재에 가면 정면에 그림 같은 섬 하나가 보인다. 바로 비양도다. 제주 본섬에서 멀리 떨어지지 않은 섬이지만 섬 주민과 느긋한 시간을 즐기려는 일부 여행자 외에는 찾는 이가 드물다. 하지만 단 하루만 제주에 머문다면 비양도를 가라는 지인의 이야기를 듣고 첫 번째 탐험지로 비양도를 선택했다.

제주도는 약 180만 년 전부터 수천 년에 걸쳐 반복된 큰 폭발을 통해 생성된 용암과 화산재가 쌓여 만들어진 섬이다. 흔히 한라산 폭발로 섬 전체가 만들어졌다고 알고 있지만 한라산과 백록담은 가장 늦게 만들어진 화산체Volcanic Edifice다. 화산체는 화산이 분출하고 난 뒤 화산분출물이 화구 주변에 쌓여 만들어진 산체를 말한다. 한라산이 생기기 전, 육지에서는 계속 마그마가 분출하고 용암이 흐르면서 오름이라 부르는 수많은 분석구와 용암지대가 만들어졌다. 과거에는 오름을 기생화산으로 불렀지만 최근 연구에 따르면 순상화산과 무관하게 단일 마그마의 화산활동으로도 오름이 생성될 수 있어 단성화산체라고 부른다. 제주의 땅을 만든 기원이 비양도 같은 화산체란 사실을 알고 나니 비양도가 더 궁금해졌다.

제주도가 하와이 빅아일랜드의 축소판(18%)이라면 비양도는 제주도의 축소판이다. 걸어서 한 시간이면 섬 전체를 둘러볼

수 있는 작은 섬이지만 용암 해안, 화산탄, 용암 굴뚝, 분석구가 그대로 남아 있어 제주 자연의 원형을 그대로 살펴볼 수 있다.

한림항에서 여객선을 타고 15분이면 비양도에 도착한다. 운 좋게 제주특별자치도 세계유산본부 전용문 박사, 비양도에서 나고 자란 강영철 이장과 동행하게 되었다. 눈썰미가 좋다면 여객선 위에서 바라본 비양도의 모습이 분화구를 닮았다는 사실을 알아챌 것이다. 화산학자들은 화산을 분출 특성에 따라 세 가지로 구분한다. 제주도는 여러 화산 형태를 모두 발견할 수 있다. 가장 대표적인 형태는 방패를 엎어 놓은 모양을 하고 있는 한라산 같은 순상화산楯狀火山·Shield Volcano이다. 화산이 방패 모양을 닮았다고 해서 방패 화산이라고도 부르는 순상화산은 끈적거리지 않는 현무암질 용암이 만든 완만한 모습의 화산이다. 순상화산은 마그마의 점성이 약해 용암이 바로 흘러버리기 때문에 완만한 형태를 만든다. 제주도 한라산을 비롯해 하와이, 아이슬란드의 화산이 모두 순상화산이다. 하와이에 있는 킬라우에아 화산Kilauea Mt.은 지금도 활동 중이라 순상화산을 연구하는 과학자들이 주목하고 있다. 1983년 여름에도 대규모 화산 분출이 일어나 100여 채의 집을 태웠고 용암이 도로를 덮었다.

또 다른 형태인 분석구噴石丘·Cinder Cone는 소규모 화산체로, 화산에서 뿜어져 나온 화산재와 돌 부스러기가 쌓여 만들어진다. 분석구는 30~40도의 가파른 각도를 이루며 정상 부분에 사발 모양의 우묵한 분화구를 만든다. 이 분화구에 비가 와서 호수가 생기면 화구호火口湖·Crater Lake라 부르고 지름이 1킬로미터 이상이 되면 칼데라호Caldera湖라고 부른다. 즉, 백록담은 화구호고, 백두산은 칼데라호인 것이다. 제주 전역에 흩어진 370여 개의 오름은 대부분 분석구다. 비양도 역시 화산 분출로 만들어진 분석구다.

마지막으로 한 화구가 여러 번 분화하여 용암과 화산 분출물이 교대로 쌓여 만들어진 복합화산複合火山·Complex Volcano이 있다. 일본의 후지산富士山이 대표적인 복합화산이며 주로 태평양을 둘러싼 불의 고리에서 만들어진다. 복합화산은 강한 폭발을 일으킴과 동시에 가장 아름다운 화산을 만든다. 강렬한 폭발로 깎아내리는 듯한 능선을 만들기 때문이다. 역사 속 대표적인 복합화산은 베수비우스 화산Vesuvius Mt.이다. 3일간의 폭발로 이탈리아 폼페이Pompeii에 살던 2,000명 이상의 사람들이 화산재에 묻혀 버린 참혹한 결과를 낳았다.

화산의 분출 과정을 보면 가장 강렬하게 폭발하는 복합화산이 가장 클 것 같지만 화산의 크기는 순상화산인 하와이 빅아일랜드의 마우나로아 산Mauna Loa Mt.이 가장 크다. 처음 마그마가 분출한 태평양 해저면을 기준으로 정상까지 9킬로미터의 높이다. 하지만 태양계로 확대해서 보면 가장 큰 화산은 화성에 있는 높이 25킬로미터의 올림푸스 화산Olympus Mons이다. 이 화산은 지름이 642킬로미터에 달해 미국 오하이오주를 덮을 정도며 부피는 마우나로아 산의 100배다.

올림푸스 화산은 화성의 다른 거대 화산과 마찬가지로 순상화산이다. 화성의 화산이 거대한 이유는 화성에 판의 운동이 없기 때문이다. 따라서 하와이처럼 열도가 만들어지는 것이 아니라 한자리에 거대한 화산을 만든다. 그러나 최근 화성탐사선의 관측 결과에 따르면 타르시스 고원 지하의 열점이 이동한다는 증거가 발견되어 화성의 지각판이 고정된 상태라는 가설을 흔들었다. 행성지질학자들은 최근 화성 대기에서 관측된 메탄가스가 지각판의 이동으로 생긴 틈에서 분출된 것으로 보고 있다. 이와 달리 지구는 끊임없이 지각판이 움직이기 때문에 화산활동을 일으키는 요소가 한곳에 머무르지 못한다. 참고로 목성의 위성인 이오Io는 아직도 화산활동 중이며 지금까지 여덟 개의 화산이 발견되었다. 다만 화산활동의 원인이 지구와는 다르다. 목성과 이오 사이의 중력에 의한 신축작용이 열에너지로 변환되어 화산활동을 촉진시키는 것이다. 이런 연구 결과는 화산활동은 지구만의 현상이 아니라 우주적 현상이라는 점을 알려준다.

전용문 박사와 한림항에서 만나 함께 여객선을 탔다. 보통 배 이름은 섬의 이름이나 선주의 자녀 이름을 많이 사용하는데 비양도로 가는 여객선 이름은 천년호다. 다른 의미가 있는 것일까 궁금했다.

"박사님, 천년호가 무슨 의미인가요?"

"비양도는 고려시대에 화산활동으로 생긴 섬으로 알려져서 비양도를 오가는 배를 천년호라고 이름 붙였어요."

내막은 이렇다. 《동국여지승람東國輿地勝覽》에 "고려 목종 10년(1007년), 서산이 바다 가운데에서 솟아오르니 태학박사 전공지를 보내 살피게 했다"는 기록이 남아 있다. 사실 비양도 용암의 나이를 분석한 결과 27,000년 전에 만들어진 것으로 밝혀져 화산학자들 사이에서는 의견이 분분하지만 역사적으로 유일한 화산 폭발 관련 기록이다.

비양도는 여전히 천년의 섬으로 불리며 2002년에는 비양도 탄생 천년맞이 행사가 열리기도 했다. 정확한 연대 측정을 떠나, 그 시기의 사람들은 화산 폭발을 보고 어떤 생각을 했을까? 평온했던 바다에서 붉은 용암이 솟아나 차가운 물과 만나 수증기와 화산재를 쏟아내는 광경을 본 제주 사람들의 마음은 일식을 보고 태양신의 분노라고 생각한 고대인들과 다르지 않았을 것이다. 제주에는 아직도 민간신앙이 유지되고 있는데 아마도 제주도가 가지고 있는 다양한 기후와 자연현상 때문이 아닐까 싶다.

비양도에 도착해 강영철 이장을 기다리며 잠시 카페에 들렀다. 아담한 돌담에 둘러싸인 민가를 개조한 식당 마당에 앉아 커피를 마셨다. 비양도 지도를 펼치고 탐험 대상을 하나씩 짚어 보는데 전용문 박사가 새로운 사실을 알려주었다. 바다 위로 모습을 드러낸 비양도 외에 인근 바다 속에도 다른 분화구가 있다는 것이다. 비양도 용암지대의 화산탄이나 분출물을 조사해 보니 비양도의 성분과 다른 화산쇄설물火山碎屑物·Pyroclastic Material이 발견된 것이다. 그 이야기를 듣고 구글어스로 비양도를 찾아보니 비양도 용암지대가 인근 연안까지 연결된 모습이 보였다. 서북쪽 해안은 유독 용암지대가 바다 깊숙이 연결되어 있다. 비양도 해녀들도 물질을 하다가 지금은 풍화침식으로 사라진 해저 분화구를 봤다는 이야기를 들었다고 강영철 이장도 말을 더했다. 결국 비양도의 형성 기원을 밝혀내려면 바다 위로 드러나지 않은 해저지형부터 이해해야 하는 것이다.

지구에서 화산활동이 빈번히 일어나는 곳들은 거의 태평양을 에워싸고 있다. 환태평양 화산대라 불리는 이 불의 고리는 하나의 판이 다른 판 아래로 밀려 들어가 생겨난 화산대이다. 바다 아래에도 육지처럼 큰 산맥과 깊은 계곡이 있다. 큰 산맥을 해령海嶺·Oceanic Ridge이라 부르고 깊은 계곡을 해구海溝·Trench라고 하는데 해령에서 마그마가 뿜어져 나오면서 바다 밑에서 새로운 현무암질 해양지각이 만들어지고 해령에서 만들어진 해양지각은 천천히 이동해 해구까지 가서 다시 맨틀 속으로 파고든다. 이때 판과 함께 가라앉는 물이 맨틀의 녹는점을 낮추면서 암석이 녹아 마그마가 만들어진다. 이렇게 만들어진 뜨거운 마그마는 지표면을 뚫고 상승해 화산을 만든다.

하와이처럼 열점의 화산활동으로 만들어진 화산섬은 열점형 화산이라고 한다. 지구 내부에 고정된 열점 위로 태평양판이 이동하면서 하와이 제도의 섬이 하나씩 만들어졌다. 하와이와 다르긴 하지만 제주도의 화산활동도 처음에는 바닷속에서 시작되었다. 반복된 화산활동을 통해 화산재가 쌓이고 쌓여 바닷물 위로 섬이 드러난 것이다. 과거 제주도도 하와이와 같은 열점형 화산으로 불렸으나 최근 연구에 따르면 인도판과 유라시아판의 충돌로 동아시아 지역의 지각에 가해진 힘에 의해 화산활동이 일어난 것으로 밝혀졌다.

1963년 아이슬란드 남쪽 바다에서 대규모 화산 폭발로 만들어진 쉬르트세이 섬Surtsey I.을 통해 제주도 주요 화산체의 형성 과정을 엿볼 수 있다. 바닷속에서 용암이 분출해 섬이 수면 위로 모습을 드러내고 물을 머금은 화산재와 수증기가 거대한

분수같이 솟구치며 몇 달간 격렬한 분출이 지속됐다. 화산학자들은 쉬르트세이 섬의 분출 과정을 지켜보며 수성화산활동이 무엇인지 처음으로 알게 되었다. 쉬르트세이 섬이 만들어진 시간을 감안하면 성산일출봉이나 수월봉 같은 수성화산체가 만들어진 시간을 가늠할 수 있다.

우리는 비양도 선착장에서 동쪽 해안도로를 따라 트레킹을 시작했다. 마을 어귀를 벗어나자 용의 비늘을 닮은 검은색 용암 해안이 펼쳐졌다. 한때 굉음을 내며 폭발을 일으킨 화산에서 흘러나온 용암이 바닷속까지 연결돼 있다는 생각을 하니 기분이 묘했다.

별생각 없이 용암 해안을 보면 다 비슷해 보이지만 모양에 따라 두 가지로 부른다. 죽을 끓일 때 물의 양에 따라 되거나 끈적거리는 것처럼 묽은 용암은 멀리까지 흐르며 표면이 반들거리고 넓은 모양을 만든다. 바로 파호이호이 용암Pahoehoe Lava이다. 반대로 끈적거리는 용암은 멀리까지 흐르지 못하고 식을 때 표면이 깨지면서 날카롭고 뾰족해진다. 이런 과정을 거친 용암을 아아 용암Aa Lava이라 부른다. 이들 용암은 용암 분출 당시의 온도와 점성, 유속 그리고 지표면의 경사에 많은 영향을 받는다. 발음이 어려워 쉽게 구분할 수 있을까 싶었는데 전용문 박사가 간단히 해결해 주었다. 맨발로 걸을 때 발이 아파서 "아아" 소리가 나면 아아 용암이고, 걷기 부드럽고 편하면 파호이호이 용암이란다. 둘 다 하와이 토착어에서 유래했다. 화산학자들이 토착어를 그대로 쓰다 보니 화산학에서도 통용되는 용어가 되었다고 한다.

제주에서는 두 가지 용암을 모두 볼 수 있다. 용두암 일대가 대표적인 아아 용암 지형이고, 우도와 마라도가 대표적인 파호이호이 용암 지형이다. 비양도에도 두 가지 용암이 모두 있다. 감탄을 자아내는 파호이호이 용암지대를 지나자 이내 아아 용암지대가 나왔다. 새로 산 등산화 표면에 용암에 긁힌 자국이 선명했다.

화구가 뱉어 낸 부메랑,

화산탄

화산이 폭발할 때 분화구에서는 다양한 화산생성물이 만들어진다. 가장 먼저 화산가스와 함께 화산분출물이 나오고 마지막으로 용암이 뿜어져 나온다. 화산의 종류에 따라 화산쇄설물(화산의 분화로 분출되는 고체 물질, 화산재, 부석, 암재 등)만 분출되기도 하고 가스만 분출되기도 한다. 비양도에서만 볼 수 있는 화산분출물 중 하나가 바로 화산탄火山彈·Volcanic Bomb이다. 해안을 따라가면 고구마 모양의 커다란 암석 덩어리들이 나타나는데 이 암석 덩어리가 화산탄이다. 화산탄은 화구에서 분출된 액체 상태의 용암 덩어리가 공중에 머무르는 동안 식으면서 타원형으로 굳어진 덩어리다. 크기는 32밀리미터부터 수 미터에 이르기까지 다양하며 화산 폭발의 강도에 따라 다르다. 큰 화산탄은 크기가 4미터에 이르고 무게는 10톤에 달한다.

영화에서만 본 불덩어리를 눈앞에서 마주하니 감탄이 절로 나왔다. 마침 근처에서 물질을 하는 해녀에게 물속에서 고구마 모양의 화산탄을 본 적이 있냐고 강 이장이 물었다. 못 봤다는 대답을 들으니 내심 호기심이 생겨 바닷속에 들어가 보기로 했다. 미리 준비한 스노클링 장비를 착용하고 바닷속으로 수심 2미터 정도 들어갔다. 허리를 숙여 물안경에 반쯤 물이 찬 상태를 유지한 채 바닷속으로 한걸음씩 향했다. 해초 사이로 축구공 크기만 한 화산탄이 곳곳에 흩어져 있었다. 설명을 듣고 풍경을 보니 평범한 돌에도 생명력이 보이는 듯하다. 비양봉 화구가 화산탄을 뱉어 내던 순간을 상상하게 된다.

다음으로 해발 114미터의 비양봉으로 향했다. 조금 가파르지만 나무 계단이 있어 어렵지 않게 올랐다. 보통 제주의 오름을 오르면 삼나무 같은 방풍림을 많이 볼 수 있는데 비양봉은 달랐다. 대신 식물군락과 함께 사람 키보다 조금 큰 나무가 자주 보였다. 강 이장이 비양나무라고 한다. 비양도에만 자생하는 나무로 제주도 기념물 48호로 지정돼 보호받고 있다. 한림항에서 불과 몇 분 거리에 있는 섬에 고유종이 자라는 것이 신기했다. 또한 비양봉 정상에서 내려다보면 초승달처럼 비양봉을 감싸고 있는 펄렁못이 보인다. 펄렁못은 국내 유일의 염습지鹽濕地·Salt Marsh로 못 바닥으로 바닷물이 들어오고 나가는 독특한 환경을 가지고 있다. 밀물 때는 수위가 높아져서 바닷물이 되었다가 썰물 때는 수위가 낮아져 담수가 된다. 펄렁못은 비양도의 식수원 역할을 하면서 동시에 동식물에게도 좋은 서식지가 된다. 일반적으로 화산섬은 투수성이 좋은 암반 구조라 연못이나 호수가 생기기 어렵다. 하지만 파호이호이 용암이 물을 저장할 수 있는 넓은 암반 해안 지형을 만들어 준 덕분에 펄렁못이 생긴 것이다.

제주도는 비양도뿐만 아니라 우도, 차귀도, 가파도, 마라도, 범섬, 섶섬 등 주변에도 섬이 많다. 50~60년 전까지만 해도 사람이 거주했지만 현재는 천연보호구역으로 지정되어 보호받고 있다. 이런 노력 덕분에 제주도 근처의 섬은 희귀 동식물의 서식지로 불린다. 개발의 손길이 떠난 빈 공터도 몇 개월만 지나면 꽃이 피고 동물이 찾아온다. 자연의 자생 능력은 우리의 생각보다 뛰어나다.

정상으로 가는 마지막 트레일이 보일 때쯤 비양봉 전망대가 나타났다. 강 이장은 이곳이 제주도를 가장 넓게 볼 수 있는 곳이라고 말했다. 굳이 쌍안경으로 보지 않아도 애월 근처의 오름부터 내륙에 있는 오름까지 한눈에 들어왔다. 화창한 날씨 덕에 오름 뒤로 웅장한 한라산의 모습까지 보였다. 비양봉 정상에는 두 개의 화구가 있는데 작은 화구는 숲이 우거져 있어 지나

칠 뻔했다. 작은 화구를 지나 봉우리 정상에 있는 등대에 오르니 넓은 화구가 한눈에 들어왔다. 활동을 멈춘 화구는 고요했지만 10톤 무게의 화산탄을 해변까지 뿜어낼 만큼 격렬하게 폭발했던 분화구다. 제일 커다란 화산탄은 화구 가까이 떨어지지만, 작은 화산탄은 수 킬로미터 밖까지 날아간다.

쥘 베른Jules Verne의 소설 《지구 속 여행Le voyage au centre de la terre》의 등장인물 린덴브록 교수는 어느 고서점에서 발견한 연금술사의 고문서를 해독해 아이슬란드 사화산 스네펠스의 분화구를 통해 지구 중심으로 여행을 떠난다. 10여 년의 시간을 돌아 비양도를 찾은 나의 마음도 린덴브록 교수의 마음과 비슷했다. 비양봉 화구가 우리를 미지의 세계로 안내하는 통로 같았다. 한나절 남짓 각기 다른 모양의 화산 구조물을 봤지만 모든 것이 연결된 기분이다. 진부하게 들리겠지만 제주의 자연을 이해하는 단서를 찾은 느낌이다.

기묘한 용암 굴뚝,
호니토

비양도의 용암지대를 계속 걸었다. 인근 해안에서 비양도 해녀들이 뱉어 내는 숨비소리가 들렸다. 10여 분을 걸으니 평평한 용암지대 위에 곧게 솟은 바위기둥이 보였다. 더 가까이 다가가니 높이가 5미터는 되는 굴뚝 모양의 화산 구조물이다. 가운데 가장 큰 굴뚝이 있고 주변에 팽이버섯을 닮은 작은 굴뚝이 자리 잡고 있다. 기묘한 굴뚝의 정체는 호니토Hornito라고 불리는 화산체로 피자를 굽는 스페인의 작은 화덕을 닮아서 붙여진 이름이다. 스페인 카나리아 제도Canary Islands에 위치한 란사로테 섬Lanzarote I.에서 많이 발견되는 구조물이다. 뜨거운 용암이 습지나 물이 고인 곳을 지나면 차가운 물이 갑자기 끓어올라 용암이 분수처럼 솟구친다. 그대로 용암이 굳으면 호니토가 되는 것이다.

비양도의 큰 호니토 100미터 근방에 크고 작은 호니토가 군집을 이룬 것은 용암이 분출할 당시 이곳이 습지나 물이 고인 지형이었음을 암시한다. 예전에는 커다란 호니토를 중심으로 더 많은 호니토가 군집을 이루었지만 파도와 태풍의 영향으로 심하게 훼손되었다고 한다. 보존을 위해서 육지로 옮기자는 의견도 있지만 아직까지는 자연 그대로 놔두었다. 이런 논쟁은 자연유산보호를 위한 중요한 쟁점이다. 화석이나 암석은 표본을 채집해 보관이 가능하지만 대규모 화산지형물은 오랜 시간 침식에 노출되어 결국 사라질 운명이다. 우리나라는 세계적인 공룡발자국 화석지가 많다. 하지만 대부분 해안가에 노출된 형태라 풍화가 심각해 비바람을 막을 수 있는 보호 장치를 설치하고 있다. 해남 우항리 공룡박물관에 가면 초식공룡의 발자국 화석을 비롯해 아시아에서 최초로 발견된 익룡 발자국 화석지를 보호각으로 덮어 관리하는 모습을 볼 수 있다.

사람의 힘으로 자연의 풍화를 막는 건 분명 한계가 있다. 하지만 접근이 쉬운 곳에 위치한 자연유산의 인위적인 훼손은 방지의 노력이 필요하다. 흔히 고궁이나 고고학적 유물만 가치 있는 문화재라고 생각한다. 하지만 국내에서 발견되는 암석, 화석 같은 자연지형물도 매장문화재로 분류된다. 이렇게 놓고 보면 국토 전체가 문화재인 셈이다. 개발과 보존 사이에서 어느

것이 더 중요하다고 단언할 수는 없지만 개발과 보존의 동행은 미래를 위해 피할 수 없는 선택이다. 유네스코는 파괴 위험에 놓인 세계유산을 '위험에 처한 세계유산'으로 분류해 별도로 관리한다. 세계유산 등재보다 더 중요한 건 보존을 위한 노력임을 새삼스럽게 생각해 본다.

해안도로 위로 암석이 줄지어 서 있다. 강영철 이장이 몇 년 동안 만든 작은 조각 공원이다. 모두 비양도에서 수집한 화산탄과 현무암이다. 비양도를 찾는 사람들에게 보여 줄 생각으로 시작한 일이라고 한다. 수십 킬로그램에서 100킬로그램은 되는 암석을 운반하는 힘든 과정을 상상하니 새삼 그의 섬 사랑이 느껴졌다.

"옛날에는 이 돌을 대수롭지 않게 생각했어요. 전 박사님 같은 분을 알게 되고 어렸을 때부터 보던 돌이 예사 돌이 아니라는 걸 알고 보존해야겠다는 생각이 들었어요."

"이장님 덕분에 저희가 현장 조사를 하는데 큰 도움을 받고 있어요. 가치를 알아주시니 협조도 많이 해주십니다."

강 이장의 설명을 듣고 해안도로 위에서 호니토를 내려다보니 아기를 업은 엄마의 뒷모습을 닮았다. 몇 주 후 물에 반쯤 잠긴 호니토를 보았는데 마치 해녀인 엄마가 물 밖으로 나와 우는 아기를 업고 있는 듯한 모습이었다. 비양도 역시 해녀의 섬이라서 그 모습을 닮은 것일까.

화산섬인 제주는 잡곡 외에는 경작이 어려워 예로부터 어업이 성행했다. 바다에서의 생활은 곧 경쟁이다. 문화지리학자인 송성대 제주대학교 명예교수가 쓴《제주인의 해민정신》을 보면 "해녀들은 농경사회처럼 존수, 항렬이나 나이 또는 신분 등의 귀속적 지위가 아니라 해산물 채취 능력에 따라 상군·중군·하군으로 나누어져 의사 결정 과정에, 혹은 '불턱(잠시 몸을 덥히는 모닥불 자리)'의 윗자리 배정에 영향을 주게 된다"고 나온다. 해녀들에게 바다는 일터이자 삶에 일부였다. 아직 그 실체를 자세히 알지 못하지만 제주의 자연은 그들의 고된 삶과 닮았다는 생각이 든다.

비양도에서 만난 호니토와 유사한 구조를 심해에서도 볼 수 있다. 1980년대 초 미국의 심해잠수정 앨빈호가 뜨거운 열수용액熱水溶液이 흘러나오는 심해 열수구熱水口를 발견했고 그곳에 사는 생명체도 발견했다. 심해 열수구는 해저의 균열을 통해 스며든 물이 마그마에 의해 가열되거나 마그마로부터 분리된 열수가 해저의 균열로부터 분출할 때 만들어진다. 이때 분출되는 뜨거운 열수가 차가운 물에 의해 냉각되면서 결정을 침적시켜 호니토 같은 굴뚝 모양을 만든다. 지상보다 압력이 400배나 높고 300도가 넘는 고온의 환경에도 생태계가 형성되어 있었다. 이곳에 사는 생명체들은 해양 표층에서 떨어지는 유기물을 에너지원으로 사용하며 동시에 열수구에서 뿜어져 나오는 황화수소도 에너지로 사용한다. 이 발견은 더 극단적인 환경에서도 생명체가 존재할 수 있다는 가능성을 만들어 냈다. 화성뿐만 아니라 목성의 위성인 유로파Europa의 표면을 덮은 얼음층 아래에도 다량의 물이 있다면 심해 열수구 같은 환경이 존재해 황을 에너지로 사용하는 생명체가 존재하지 않을까 하는 예측도 있다. 비양도를 만들어 낸 화산활동은 지구를 넘어 우주생명체를 찾는 천문학과도 맞닿아 있다.

수월봉,
화산이 오선지에 그린 음표

강영철 이장 집에서 보말죽을 먹고 그의 배를 타고 한림항으로 움직였다. 마지막 배를 놓친 덕분에 낚시배를 타고 바다를 건너는 호사를 누렸다. 오후 세 시쯤이었지만 해가 길어 수월봉을 둘러보기로 했다. 차귀도까지 가고 싶었지만 차귀도만 둘러보기에도 한나절은 족히 필요했기에 차귀도는 다음을 기약했다. 다른 때 같으면 여유롭게 해안도로를 달리며 푸른 바다를 감상했겠지만 계속 시계만 쳐다봤다. 탐험을 하다 보면 일정과 상관없이 일몰 시간을 늘 염두에 두어야 한다. 탐험 대상을 관찰하는 것 이상으로 붉은빛에 물든 자연의 분위기를 느끼는 것도 중요하기 때문이다. 일몰은 관찰하는 대상을 가장 아름답게 색칠해 준다. 특히 대자연을 탐험할 때는 더욱 그렇다. 관찰 대상에 대한 지식이 없어도 일몰에 물든 자연을 보면 사랑에 빠져

버린다. 탐험은 자연과 사랑에 빠지는 것에서 시작된다.

한림항에서 중문 방향으로 30여 분을 가면 한경면 고산리 해안가에 수월봉이 있다. 수월봉은 올레길 12코스로 유명하지만 수성화산을 이해하는 중요한 단서가 남아 있는 오름이기도 하다. 수월봉 해안 절벽을 따라 병풍처럼 펼쳐진 지층에서 다양한 화산 퇴적 구조가 발견되어 전 세계 화산학자들의 주목을 받기도 했다. 전용문 박사의 이야기에 따르면 수월봉은 화산학 백과사전에 소개된 국내 유일의 지형이라고 한다. 제주를 방문한 해외의 지질학자들이 눈으로 보고도 믿지 못할 정도로 완벽한 구조를 갖추었다. 그의 이야기 덕분에 수월봉에 대한 기대감이 점점 커졌다.

주차장에서 10미터 정도 걸어가면 푸른 바다와 웅장한 화산쇄설층이 모습을 드러낸다. 사진보다 훨씬 압도적이다. 수월봉 탐방로는 제주어로 '높은 절벽 아래 바닷가'라는 뜻을 가진 '엉알길'로 불린다. 엉알길을 따라 유선형으로 휘어진 줄무늬 지층은 마치 투박한 옹기의 내부를 보는 것 같았다. 수월봉은 약 18,000년 전 뜨거운 마그마가 물을 만나 폭발적으로 분출하면서 만든 고리 모양 화산체의 일부다. 화산이 폭발했을 당시 화산분출물이 어떻게 흘러가며 쌓였는지를 알 수 있는 화산쇄설층이 남아 있어 더욱 가치를 가진다. 얼핏 보면 일반적인 퇴적층으로 보이지만 분출 당시 분화구에서 뿜어져 나온 화산재가 쌓여 만들어진 지층과 화산탄, 화산암괴가 낙하할 때의 충격으로 내려앉은 탄낭 구조彈囊構造·Bedding Sag(화산탄이 떨어지며 지층을 주머니 모양으로 뚫고 들어간 구조)를 볼 수 있다. 안내판을 보고 지층을 보니 여기저기 크고 작은 화산탄이 박혀 지층이 휘어져 있다. 화산탄의 크기에 따라 지층이 휘어진 정도가 달랐다.

"박사님, 화산탄이 화산지층에 박혔다는 건 반대편에서 날아왔다는 말 아닌가요? 근데 어디를 봐도 분화구가 보이지 않는데요."

"맞습니다. 지금 보고 있는 지층은 화산체의 일부만 남아있어요. 원형의 화산체를 상상해 본다면 멀리 보이는 차귀도와 수월봉 중간쯤에 분화구 중심이 있었을 겁니다."

"아! 해저 분화구가 폭발해 파편들이 날아온 건가요."

"당시에는 지금보다 해수면의 높이가 100미터 정도 낮았습니다."

"분화구가 투수고, 화산쇄설층이 포수겠네요."

설명을 듣고 탄낭 구조를 보니 투수가 던진 공을 받은 포수의 글러브가 움푹 들어간 형상이다. 핵심을 이해하니 전체가 이해되는 기분이다.

마침 수월봉 입구 앞 정자에 지질공원해설사 한 분이 있어

대화를 나누었다. 고산리 주민들이기도 한 지질공원해설사는 수월봉에 대한 과학적 해설뿐만 아니라 구전과 삶의 경험에서 우러나온 이야기를 곁들여 맛깔난 해설을 해준다. 연세가 있어 보이는 장순덕 해설사에게 설명을 부탁했다. 그녀는 50년 간 해녀로 살아오다가 전 박사의 권유로 몇 해 전 지질공원해설사 교육을 받았다고 한다. 용어가 어렵기로 유명한 지질 분야를 어떻게 공부했는지 궁금했다. 늦게 시작한 공부가 힘들어서 포기할 생각도 많이 했다고 한다. 하지만 평생 해온 물질이 기적을 만들었다. 땅 위에 있는 지질 현상을 이해하는 건 어려웠지만 과학자들도 본 적 없는 해저지형은 그녀에게 익숙했다. 물질하며 봤던 해저지형에 대한 이야기가 심사위원들의 마음을 사로잡아 당당하게 지질공원해설사 교육을 통과할 수 있었다. 수월봉 화산체의 중심인 차귀도 앞바다가 그녀의 물질 포인트였다. 해녀 중에서 상군에 속했던 장순덕 해설사는 물질을 하며 보았던 바닷속의 희귀한 지형에 대해 늘 주변 사람들에게 이야기했다. 하지만 그 실체가 무엇인지, 어떤 지형의 일부인지 알 길이 없어 답답했다고 한다. 그 의문점을 해소하기 위해 지질공원해설사에 지원했고 평생 품었던 궁금증을 하나씩 풀었다고 한다.

나는 그녀가 수월봉 분화구 중심을 봤을지도 모르겠다는 생각이 들었다.

"해설사 님, 혹시 물질하면서 둥그렇게 생긴 분화구를 보신 적이 있나요?"

"비슷한 걸 많이 봤어. 다른 지형과 다르게 움푹 파인 지대가 많아."

"정말요? 나중에 저도 좀 구경시켜 주세요."

"나는 납덩이를 매달고도 15미터까지 잠수가 가능하니까 본 거지."

잠수정을 타고 수심 1만 1,000미터를 내려가는 세상이지만 바닷속은 여전히 미지의 영역이다. 스쿠버 장비가 등장하면서 좀 더 깊은 곳까지 내려갈 수도 있지만 인간의 신체 능력만으로 내려갈 수 있는 수심은 여전히 수십 미터에 불과하다. 해녀도 가능한 잠수 깊이에 따라 상군, 중군, 하군으로 구분한다. 해녀에게 잠수 능력은 더 많은 해산물을 채집하기 위한 생존의 문제였다. 물질은 고된 삶의 일부지만 바닷속 세상은 해녀들의 호기심을 자극하기에 충분했을 것이다. 최근 세계자연유산 10주년 글로벌포럼에서 제주 해저화산체 보호와 연구에 관한 논의가 있었다. 해저라는 특성상 접근이 어려워 본격적인 연구가 진행되지 않았지만 해저화산체는 보존 가치가 충분하다.

화산탄이 박힌 지층을 탐미하며 선착장 방향으로 내려갔다. 지층을 자세히 살펴보니 화산탄 하나가 여러 개의 지층을

왼쪽부터 고춘자, 박정희, 장순덕 지질공원해설사

관통한 흔적이 남아 있다. 이는 떨어진 화산탄보다 당시의 지층이 더 물렁했다는 것을 말해 준다. 옆에 있던 고춘자 지질해설사의 이야기에 따르면 화산탄이 떨어져 만들어진 탄낭 구조의 방향이 모두 차귀도 앞바다를 향한다고 했다. 즉, 탄낭 구조의 방향이 분화구 중심을 향한다는 것이다.

차귀도 선착장 방향으로 이어진 산책로를 따라 내려가니 화산지층 아래에 인간이 만든 인공 구조물이 보였다. 2차 대전 당시 일본군이 만든 갱도진지다. 제주에는 일제 말기에 일본군이 만든 군사 시설이 곳곳에 남아 있다. 수월봉 갱도진지는 제수노에 상륙하는 미군을 공격하기 위해 폭탄과 어뢰정을 보관하던 장소였다. 이런 갱도진지만 해도 제주도 내에 수백 개가 넘는다. 수만 년의 시간을 거슬러 격렬한 화산 폭발이 있던 장소에서 인간이 만든 군사 시설을 보니 기분이 묘했다. 슬픈 역사의 단면이었다. 일본군은 화산지층의 강도가 약해 굴착하기가 쉽다는 걸 알았을까.

수월봉 정상에서 일몰을 보기 전에 수월봉의 또 다른 모습을 볼 수 있는 곳으로 이동했다. 엉알길 중간의 험한 지형으로, 탐방로가 없어 반대편 끝으로 갔다. 차를 타고 5분 정도 이동하니 해녀의 집 앞에 도착했다. 해변으로 난 계단을 따라 내려가니 해산물을 다듬고 있는 해녀들이 보였다. 초입에 들어서자마자 화산지층 사이로 물이 흘러내린다. 마치 겨우내 쌓인 눈이 녹아 바위틈에서 흘러내리는 듯한 모습이다.

안내판을 보니 이곳은 녹고 남매의 슬픈 전설을 품고 있었다. 옛날에 누이 수월과 동생 녹고가 살고 있었다. 어느 날, 어머니의 병환을 고치기 위해 오갈피를 찾아 수월봉 절벽에 오르던 누이 수월이 떨어져 죽고 말았다. 이에 동생 녹고는 누이를 잃은 슬픔에 언덕에서 몇 날 며칠을 눈물을 흘렸다. 그 모습을 본 사람들이 두 남매를 기려 이 언덕을 녹고물오름 또는 수월봉이라고 불렀다. 슬픈 전설을 품은 녹고물은 화산지층을 통과한 빗물이 화산지층 아래 진흙으로 된 고산층을 투과하지 못하고 흘

일본군이 만든 갱도진지. 슬픈 역사의 단면이다

녹고 남매의 전설을 품고 있는 녹고물

러나오는 샘물이다. 천연 정수를 거친 물이라 손으로 받아 한 모금을 마셨다.

엉알길의 끝자락이라 그런지 탐방객은 보이지 않았다. 인적이 드문 덕분에 갈대가 무성했고 녹고물이 흘러내려 땅은 질척했다. 수월봉 아래 화산지층을 따라 난 검은 모래 해변은 그 자체로도 이국적이다. 무엇보다 해변 아래 현무암 바위 지대가 있어 다양한 해양 생물이 서식한다. 화산지층 틈에 사는 말똥게가 부산하게 들락날락거렸다. 오래전 보았던 하와이 빅아일랜드의 블랙샌드 해변과 무척 닮은 풍경이다. 블랙샌드 해변에서는 멸종 위기에 처한 바다거북을 볼 수 있다. 바다거북은 몸을 데우기 위해 해변으로 나와 일광욕을 즐긴다. 이런 풍경이 어색할 법도 하지만 하와이 사람들은 접근 제한 표시를 해놓고 거북이의 일광욕을 보호해 준다. 어떠한 이유인지 모르지만 인적이 드문 해변을 놔두고 사람이 많은 모래사장에 나와서 일광욕을 하는지 아직도 의문이다. 다만 옛날에 물에 빠진 소년을 거북이가 등에 태워 데리고 왔다는 전설만이 유일한 복선이다.

검은 모래 해변을 지나면 수월봉 입구에서 봤던 화산지층과 비슷한 모양이 보인다. 가까이 가서 보니 화산지층에 박힌 탄낭 구조가 덜 보이는 대신 기왓장을 쌓아 놓은 것 같은 수평지층이 보였다. 수월봉 지층은 탄낭 구조 외에도 약간 기울어진 지층, 수평으로 발달한 지층, 층리가 발달하지 않은 지층 등 다양한 형태를 보인다. 수월봉 같은 수성화산이 바다에서 폭발하면 다양한 화산분출물이 뒤섞여 사막의 폭풍처럼 지표면을 따라 빠르게 흘러가는 화쇄난류火碎亂流·Pyroclastic Surge가 만들어진다. 화쇄난류가 지표면을 따라 흘러가면서 크고 무거운 물질들은 분화구 주변으로 급격히 떨어져 층리가 발달되지 않는 지층을 만들고 상대적으로 가벼운 입자들이 분화구에서 멀어지면서 선택적으로 지표면에 쌓여 층리가 발달한 지층을 만든다.

1920년 폭발한 서인도제도의 펠레 화산Pele Mt.에서 흘러내린 화쇄난류가 해안 도시인 생 피에르St. Pierre를 덮쳤다. 몇 분만에 도시의 모든 것이 파괴되고 3만 명에 이르던 주민 중 단 두 명만이 살아남았다. 이렇게 무시무시한 자연현상이지만 자연환경에는 긍정적인 효과도 준다. 수월봉 인근에는 제주에서 가장 큰 고산 평야가 있다. 가벼운 입자들이 쌓여 만들어진 토양 덕분에 과거에는 벼농사도 가능했던 지역이다. 마그마에 포함된 철, 마그네슘, 인, 황 같은 무기물 성분 덕분에 고산 평야가 비옥한 땅으로 탈바꿈한 것이다. 화산 폭발이 잦았던 인도네시아 자바 섬Java I.은 화산재가 쌓여 만들어진 비옥한 땅 덕분에 연간 삼모작이 가능하다. 특히 화산 토양은 커피 재배에 적합해 세계적인 커피 산지를 만들기도 한다. 세계 3대 커피 중 하나인

하와이 코나 커피도 화산 분출이 잦은 빅아일랜드 섬이 원산지다. 고산 지역이야말로 화산활동의 혜택을 제대로 누리고 있는 셈이다.

한참 동안 웅장한 지층 구조를 보고 있으니 마치 야외 음악당에 온 기분이 든다. 화산지층에 화산탄이 날아와 만들어진 탄낭 구조가 자연의 음계를 보는 것 같다. 비슷해 보이지만 화산탄의 크기와 날아온 방향이 모두 달라 폭발 당시의 상황을 그대로 보여 준다. 자연은 어떤 식으로든 증거를 남긴다.

엉알길을 뒤로하고 수월봉 정상으로 향했다. 정상에 있는 육각정에 오르자마자 힘센 바람이 반겨 준다. 제주는 바람이 참 많다. 그리고 태풍의 영향을 많이 받는다. 제주 사람들의 삶과 태풍은 밀접한 관계가 있다. 바람과 태풍을 읽지 못하면 많은 피해를 입는다. 그런 점에서 수월봉 정상에 세워진 고산기상대는 삶과 밀접한 공간이다. 제주는 국내의 일기예보에 있어 중요한 지리적 위치에 있다. 남쪽에서 태풍이 북상할 경우 제주도의 관측값이 태풍의 경로를 예측하는 데 중요한 자료로 쓰인다. 애잔한 녹고 남매의 전설이 전해지는 명소에 위치한 국기봉 모양의 기상대가 낯설게 느껴질 수도 있지만 수월봉은 오래전부터 영산제靈山齊를 지내던 영산靈山이다. 마을의 풍요를 빌고 기우제를 지내던 장소에 기상대가 세워진 건 어쩌면 당연한 일일지도

모른다. 제주는 다른 지역에 비해 무속 신앙이 잘 보존되어 있다. 거친 바다를 터전으로 살아가는 제주 사람들에게 무속 신앙은 중요한 정신적 문화유산이자 삶의 일부였다. 마을의 안녕과 풍요를 기원하는 마을제와 집안을 관장하는 신을 위한 굿이 현재까지 명맥을 유지하고 있다. 오죽하면 제주는 만팔천 신이 존재한다는 말이 나왔을까. 하지만 시련도 많았다. 근대화를 거치며 마을 신당과 심방이 많이 사라졌지만 무속 또한 전통문화의 일부로 여겨지면서 보존의 대상이 되었다. 2009년에는 '제주 칠머리당영등굿'이 유네스코가 지정한 인류무형문화유산으로

등재되면서 보존의 당위성을 마련했다.

수월봉에서 바라본 차귀도와 사람이 누워 있는 모습을 닮은 와도는 마냥 편안해 보였다. 하지만 차귀도 역시 네 번에 걸친 격렬한 화산 폭발로 만들어진 섬이다. 와도도 화산체의 중심부로 추정되는 구조들이 남아 있어 화산학자들의 관심을 받는 섬이다.

한 달 후 김완병 박사와 수월봉을 다시 찾았을 때 차귀도에 얽힌 이야기를 들었다. 송나라 사람 호종단胡宗旦이 제주에서 인재人才가 나는 것을 막기 위해 지혈에 발뚝을 박았고 한라산의 수호신이 이를 지켜보고 있었다. 호종단 일행이 지금의 차귀도를 지날 무렵 화가 난 수호신이 매로 변해 날갯짓을 하자 태풍이 일어 배가 난파되었다. 호종단 일행의 귀향을 막았다고 해서 가릴 '차遮'와 돌아갈 '귀歸'를 써 차귀도라는 지명이 생겼다는 이야기다. 이야기를 듣고 보니 수월봉에서 보이는 화산체의 일부가 매가 날갯짓을 하고 있는 형상이다. 조류를 연구하는 그의 이야기에 따르면 매 부리 모양의 화산체 아래 실제로 매가 둥지를 틀고 있다고 했다.

차귀도는 1977년 이후 사람이 살지 않아 식생이 잘 보존되어 있고 천연기념물 제422호로 지정되었다. '진화론의 성지'로 불리는 갈라파고스 제도Galapagos I.를 떠올리며 차귀도의 중요성을 새삼 깨달았다. 수월봉 정상에서 바라만 보는데도 차귀도가 발산하는 자연의 거대한 생명력이 느껴졌다. 이전에는 수월봉의 본모습을, 그 가치를 제대로 알지 못했다. 수월봉 탐험은 온몸으로 제주 자연의 경이로움을 깨닫는 시간이었다. 수월봉을 내려오는 길, 차귀도의 은은한 생명력과 더불어 수월봉의 모든 것이 새롭게 다가왔다.

비양도

주소 제주도 제주시 한림읍 한림해안로 146

전화번호 064-796-7522

여객선 예약 홈페이지 by-jeju.or.kr

수월봉

주소 제주도 제주시 한경면 노을해안로 1013-70

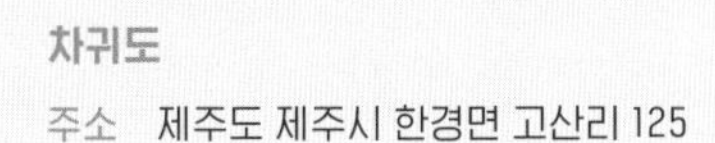

차귀도

주소 제주도 제주시 한경면 고산리 125

탐라도
우주 극장

탐라전파천문대

△

제주도 푸른 별

▽

탐라에서 화성까지

우주를 보다,
탐라전파천문대

주말 내내 제주 곳곳에서는 제주 세계자연유산 등재 10주년 기념행사가 열렸다. 성산일출봉에서는 기념음악회가 열렸고, 시내 호텔에서는 포럼이 개최되었다. 2002년 생물권보존지역 지정을 시작으로, 2007년 세계자연유산 등재, 2010년 세계지질공원 인증까지 삼관왕을 획득했다. 유네스코 삼관왕이 말해주듯 제주는 세계적으로 유래를 찾기 힘들 정도로 뛰어난 과학적 가치를 지닌 곳이다. 동굴, 오름, 식물까지 섬 전체가 보호해야 할 자연유산인 것이다.

제주의 세계자연유산 등재는 전문가뿐만 아니라 제주를 찾는 국내외 여행자에게도 제주의 가치를 다시 보게 만들었지만 자연유산이라는 단어가 주는 뉘앙스 때문인지 자연 경관과 지질학적 가치에 머물러 있는 것도 사실이다. 누군가에게 제주의 이미지를 물어보면 열 명 중 아홉 명은 한라산과 성산일출봉을 말한다. 아주 간혹 별을 좋아하는 사람에게 묻는다면 제주별빛누리공원과 제주항공우주박물관을 이야기한다. 그러나 제주에 천문대가 있는 걸 아느냐고 물으면 제주 사람도 고개를 갸우뚱한다. 그렇다. 제주에는 천문대가 있다. 중문에서 한라산 1100고지 휴게소 방향으로 난 산간 도로를 따라 10여 분 올라가면 옛 탐라대학교 부지 입구에 접시 모양의 대형 구조물이 보인다. 많은 여행자들이 관심 없이 지나치는 대형 구조물의 정체는 우주를 연구하는 천문대다. 한국천문연구원에서 운영하는 KVN 탐라전파천문대(KVN: 한국우주전파관측망)다.

“천문대는 둥그렇게 생긴 천체망원경으로 별을 관측하는 곳이 아니냐?”고 반문할 수도 있다. 이도 맞는 이야기지만 별을 관측하는 망원경은 여러 종류가 있다. 갈릴레이의 망원경처럼 렌즈나 거울을 이용해 별의 빛을 감지하는 광학망원경도 있지만 행성이나 천체에서 발산하는 전파를 관측하는 전파망원경도 있다. 전파망원경은 광학망원경으로 관측할 수 없는 부분까지 관측해 가시광선으로 볼 수 없는 영역까지 관측한다. 하지만 지구에 있는 망원경은 별빛이 대기권을 통과할 때 빛이 산란되기 때문에 관측에 한계가 있다. 이런 산란 현상 때문에 우리의 눈에 별이 반짝거리는 것이다. 봄에 아지랑이가 피어오르는

것처럼 대기는 끝없이 움직인다. 대기가 움직이는 이유는 위치에 따라 공기의 온도가 다르기 때문인데 찬 공기는 아래로 가라앉고 더운 공기는 위로 올라간다. 즉, 대기가 항상 흔들리기 때문에 별빛도 흔들린다. 그래서 우리 눈에 별이 반짝이는 것처럼 보인다.

산란 현상을 피하기 위해 등장한 게 허블망원경 같은 우주망원경이다. 우주망원경은 대기권의 영향을 받지 않고 지구에서 관측하기 어려운 감마선, 자외선, 적외선을 관측한다. 탐라전파천문대는 구경 21미터의 전파망원경을 이용해 별의 생성과 소멸, 블랙홀의 비밀까지 분석한다. 또한 광학망원경은 별이 보이는 밤에만 관측이 가능하지만 전파망원경은 전파를 관측하기 때문에 24시간 관측이 가능하다. 대낮에 한 시간가량 망원경 근처에 있으면 "웅" 소리를 내며 망원경이 돌아가는 모습을 볼 수 있다. 눈썰미가 좋은 사람이라면 비슷한 모양의 전파망원경을 어디선가 봤던 기억이 있을 것이다. 이 전파망원경은 국토의 남쪽 끝인 제주도 외에도 서울(연세대) 그리고 동쪽 끝에 있는 울산(울산대)에 각각 설치되어 삼각편대를 이루며 하나의 시스템으로 결합돼 지름 500킬로미터에 달하는 관측망을 만들었다. 연세대에 있는 천문대는 신촌을 지날 때마다 봐서 익숙했다. 오래전 어떤 모임에서 연세대에 있는 천문대가 무엇인지 대화를 나눈 적이 있다. 평상시에는 천문대였다가 위기에 처하면 로봇으로 변신한다는 이야기부터 외계생명체와 교신하는 수신기라는 설까지 나왔다. 연구용 시설이라 접근이 제한되다보니 사람들의 상상력을 자극했다.

이렇게 천문대를 연결해서 하나의 거대한 관측망을 만드는 방식을 간섭계干涉計·Interferometer라고 한다. 한 대의 천문대가 하기 힘든 일을 여러 대의 천문대와 연결해서 우주에서 오는 빛을 더 많이 관측하는 원리다. 이렇게 전파간섭계를 형성하면 광학망원경보다 100배 이상 좋은 해상도로 우주를 관측할 수 있다. 만약 제주도에 광학망원경을 설치했다면 사면이 바다라 습기가 많고 골프장과 호텔 시설의 불빛 때문에 관측이 힘들었을 것이다. 하지만 가장 효율적인 천체관측을 위해 간섭계 시스템을 구축하기에는 최고의 입지인 셈이다.

천문대를 방문한 날 한국천문연구원 소속 전파천문학자인 정태현 박사의 안내로 관측실 내부를 보는 행운을 얻었다. 평상시에는 대전에 있는 연구소에서 원격으로 관측을 하지만 점검을 위해 정 박사가 내려왔다. 하와이 빅아일랜드에 있는 스바루 천문대Subaru Observatory 관측실을 본 이후 두 번째 관측실 방문이었다. 관측실 내부는 전면이 통유리로 만들어져 거대한 전파망원경이 훤히 보였다. 정면에는 전파 신호를 분석하는 컴퓨터와 대형 모니터가 즐비했다. 인간의 눈으로 볼 수 없는 파장대의 전파 신호가 그래프 형태로 계속 움직였다. 천문학 연구뿐만 아니라 대륙 이동이나 지각 변동 같은 고도의 정밀도가 필요한 지구과학 연구에도 사용된다고 한다.

관측실을 둘러보고 정 박사의 안내로 전파천문대 위로 올라갔다. 천문대의 최고 높이가 28미터에 달하니 건물로 치면 8층 정도 높이의 구조물이다. 거대한 접시 부분을 상하로 움직이게 하는 철골 기어는 웅장하다는 표현으로도 부족했다. 세 개의 층으로 이루어진 계단을 올라 정상에 오르니 서귀포 범섬부터 산방산까지 한눈에 들어온다.

"박사님, 천문대는 오름을 닮은 것 같아요. 우주를 보는 오름."

"정말 그러네요."

"우주에서 누군가 길을 잃었다면 천문대가 보내는 신호를 따라 지구로 올 것 같아요."

천문대 뒤편으로 보이는 오름을 보니 천문대도 무리 중 하나인 것처럼 보였다. 오름은 제주를 대표하는 지형이다. 화산분화구이기 전에 제주 사람들의 삶 중심에 있는 중요한 존재다. 제주 사람들은 오름 분화구 안에서 소를 키웠고 필요한 식재료와 목재를 얻었다. 때로는 신을 숭배하는 신성한 땅이라 여겨

당오름으로 부르기도 했다. 어쩌면 별을 좋아하는 사람들은 오름에 올라 광활한 우주를 바라보지 않았을까. 제주 전역에 있는 370여 개의 오름은 어쩌면 마을 천문대가 아니었을까 즐거운 상상을 해 본다. 오름 분화구를 가져다 붙인 것 같은 전파망원경의 상부를 보면 더 그런 생각이 든다.

전파망원경은 가시광선 대역을 사용하는 광학망원경에 비해 분해능分解能·Resolving Power(현미경이나 망원경 등의 최소 식별 능력, 두 개의 광원을 식별할 수 있는 최소의 거리 또는 시각)이 떨어지기 때문에 큰 구경의 포물면 형태를 사용한다. 커다란 접시 안테나가 포착한 전파 신호는 한 점에 집중된다. 신호는 그 점에서 수신기, 기록기, 통제실 순으로 보내지고 마지막으로 컴퓨터가 전파 신호를 우리 눈으로 볼 수 있는 상으로 전환한다. 요즘은 더 좋은 분해능을 얻기 위해 수많은 전파망원경의 출력장치를 전자적으로 조합해 지구 크기의 전파망원경도 만들 수 있다.

이와 비슷한 방법으로 지구상에서 가장 큰 규모의 간섭계 전파천문대를 운영하는 곳이 서호주 사막에 있다. 일명 SKA(Square Kilometre Array)라고 부르는 이 전파간섭계는 서호주 사막과 남아프리카공화국 사막에 각각 3,000대의 전파천문대를 설치해 간섭계를 만들어 우주를 관측한다. 몇 해 전 NASA 과학자들과 서호주 사막을 탐험하며 SKA 전파천문대에 갔을 때 100여 개 정도의 전파천문대가 광활한 붉은 사막에 일정한 간격을 두고 세워져 있는 모습을 보았다. 접시를 닮은 친근한 모양 덕분에 전파천문대는 우주 영화의 단골 배경으로 등장하기도 한다. 덕분에 영화 <콘택트>에 등장한 아레시보 전파천문대Arecibo Radio Observatory와 뉴멕시코주에 있는 전파망원경은 단순한 연구 시설 이상의 문화적 키워드로 사람들의 기억에 자리 잡았다.

천문대 바로 옆에는 서귀포천문과학문화관이 있다. 일반인을 대상으로 천문 관측 프로그램을 운영하는 천문대다. 낮에는 천체투영실에서 날씨와 관계없이 가상의 밤하늘을 볼 수 있고 밤이 되면 주관측실과 보조관측실에서 행성과 성운, 성단, 은하 등을 직접 관측할 수 있다. 일반 천문대와 역할은 비슷하지만 우리나라에서는 노인성老人星·Canopus을 관측하기에 최고의 장소로 유명하다. 장수별로도 불리는 노인성은 새롭게 제주를 대표하는 문화적 키워드다. 예로부터 제주의 뛰어난 경관을 일컫는 영주 12경에도 서진노성(서귀포에서 바라보는 노인성)이란 이름으로 포함되었다.

노인성에 대한 최초의 기록은 고려 태조 17년이다. 노인성이 나타나면 나라가 평안하고 왕이 장수한다는 징조로 여겼다. 겨울철 별자리인 노인성은 한 번만 봐도 무병장수한다는 이야기가 있다. 토정비결의 저자 이지함이 노인성을 보기 위해 제주도를 세 번이나 찾았다는 기록이 《연려실기술燃藜室記述》에 기록되어 있다. 또한 1425년에 세종대왕은 한라산에 가서 노인성을 관측하라고 윤사웅에게 명을 내렸다.

겨울철 밤하늘에서 제일 밝은 별 시리우스를 따라 남쪽 바다로 내려가면 수평선 위로 희미한 별 하나가 보인다. 밤하늘에서 두 번째로 밝은 별이지만 고도가 너무 낮은 탓에 쉽게 눈에 띄지 않는다. 옛 사람들은 이 별을 목숨별이라 불렀고 한 번이라도 보면 무병장수한다고 믿었다. 노인성은 겨울철 별자리에 속해서 11월에는 새벽녘에 보이다가 2월이 되면 저녁 시간대에 보인다. 3월 초에는 저녁 일곱 시 반부터 한 시간가량만 서귀포천문과학문화관에서 노인성을 관측할 수 있다. 하지만 남반구에 가면 노인성, 즉 카노푸스Canopus가 높게 뜨고 밝기 때문에 어렵지 않게 관측할 수 있다. 호주를 탐험할 때는 거의 매일 카노푸스를 보았다. 때로는 너무 밝게 빛나서 목성이나 시리우스로 착각할 정도였다.

제주도
푸른 별 아래

제주가 그리울 때는 최성원의 ‘제주도의 푸른 밤’을 들으면서 향수를 달랜다. 그의 노래는 서정적인 가사로 제주의 아름다움을 표현해 오랜 시간 대중의 사랑을 받았다. 나는 가사 중에서도 “제주도 푸른 밤 그 별 아래”라는 대목을 가장 좋아한다. 일상의 답답함을 떨쳐 버리고 제주도로 가자는 내용은 지금도 공감하지만 그 사이 제주도가 참 많이 변했다. 이 노래가 세상에 나왔을 때에 비하면 훨씬 복잡해졌고 오가는 인파도 늘었다. 유일하게 변하지 않은 게 있다면 ‘푸른 밤 그 별과 바다를 볼 수 있는 창문’뿐이다.

오랜만에 푸른 별을 만나기 위해 전파천문대 앞 잔디밭에 앉았다. 곧 있으면 서귀포천문우주과학관에서 진행하는 관측 프로그램이 시작된다. 일몰이 끝나면서 금성이 새치름하게 모습을 드러냈다. 곧 화성이 모습을 드러낼 것이다. 흔히 해가 저물면 여행을 멈추고 빛이 있는 방으로 들어간다. 하지만 어느 곳을 여행하든 여정의 반은 어둠의 세상이다. 빛 공해가 덜한 자연을 여행한다면 더욱 그렇다. 해가 지고 별이 뜨는 자연의 섭리에 몸을 맡기면 우리는 그동안 보지 못했던 별들의 세상을 만날 수 있다. 잠시 고개를 들어 우주 극장을 바라보자. 세계적인 SF 작가인 아이작 아시모프Isaac Asimov는 "젊은이, 진정한 어둠을 경험한 적이 있는가?"라고 물었다. 역설적이게도 어둠이 존재하지 않으면 별빛을 볼 수 없다는 말이다.

실제로 우리뿐만 아니라 지구상에 존재하는 대부분의 대도시는 별 볼일 없는 곳으로 전락하고 말았다. 인공위성에서 내려다본 지구의 밤 풍경은 온갖 불빛으로 불야성을 이룬다. 몇 년 전 밤에 우주에서 바라본 한반도의 밤 풍경이 세계의 주목을 받았다. 비무장지대를 경계로 불야성의 남한과 어둠으로 덮인 북한의 이미지가 극명하게 비교되었기 때문이다. 밤에 환하게 불을 켤 수 없는 북한의 특수한 상황을 고려하더라도 몇 십 년 사이에 바뀐 남한의 밤 풍경은 세인들에게 많은 생각을 하게끔 만들었다. 과연 지구상에 완벽한 어둠이 있을까? 제주 역시 빛 공해에서 자유롭지 못하다. 관광지가 모여 있는 해안가에 숙소를 잡으면 커튼 없이는 수변 불빛 때문에 잠들기조차 쉽지 않다.

밤하늘이 깜깜한 이유는 우주가 계속 팽창하기 때문이다. 별빛이 우리에게 다가오는 동안에도 우주는 팽창하고 있기에 별빛이 도달하기 전에 빛의 세기가 약해져 버린다. 그렇기에 우리는 더 어두운 곳을 찾아가야 별을 볼 수 있다. 우리는 어디서 어둠을 만나야 한단 말인가. 정 만나기 어렵다면 인공 빛이 덜한 지역에 자리를 잡고 눈이 어둠에 적응하길 기다리는 수밖에 없다. 별을 보기 위해 가장 먼저 할 일은 좋은 장소를 찾는 것이다. 저위도의 별을 가리는 산이 없거나 건조한 지형을 찾으면 좋겠지만 그런 장소를 찾기란 쉽지 않다. 적당한 장소를 찾았다면 일단 편한 의자나 매트를 들고 밖으로 나간 다음 눈을 어둠에 적응시켜 보자. 시간이 필요하다. 별이 많이 보이는 사막이라도 손전등이나 밝은 빛에 노출되었다가 하늘을 보면 별이 보이지 않는다.

오늘은 보름달이 떠서 별을 관측하기에 좋지 않다. 하지만 실망할 필요는 없다. 밝은 별이나 행성은 관측이 가능하다. 우선 가장 밝은 행성인 금성, 화성, 목성, 토성은 별보다 밝기 때문에 육안으로도 쉽게 구분된다. 목성의 위성이나 토성의 고리를 보고 싶다면 배율이 작은 망원경으로도 볼 수 있다. 문제는 지금부터다. 금성이나 목성 정도는 별다른 천문 지식이 없어도 가장 밝게 빛나기 때문에 찾기가 쉽다. 하지만 화성이나 토성은 찾기 어렵다. 가장 쉬운 방법은 별자리 앱을 설치해 찾는 것이다. 예전에는 사계절 성도星圖를 보고 날짜별 별의 위치를 파악했지만 요즘은 앱 하나면 모든 게 해결된다.

별자리 앱 없이 행성과 별의 위치를 찾으려면 성도를 알아둘 필요가 있다. 별자리판이라고도 불리는 성도는 별자리뿐만 아니라 별의 밝기, 육안으로 관측하기 어려운 별의 위치 그리고 성운, 성단, 은하의 위치까지 표시되어 있다. 다만 성도를 사용하려면 방향을 잘 찾아야 한다. 우리가 사는 북반구에서 별로 방향을 찾을 때는 움직이지 않는 별인 북극성北極星·Polaris을 기준으로 삼는다. 북극성을 찾으려면 북쪽 하늘의 별자리 중에서 밝은 별인 북두칠성을 먼저 찾아야 한다. 우선 북두칠성의 국자 머리 부분에 해당하는 두 별을 찾고 두 별 사이 거리만큼 오른쪽으로 다섯 배 가면 북극성을 찾을 수 있다. 북극성을 기준으로 오른쪽은 동쪽, 왼쪽은 서쪽이 된다.

관측 시간이 다가오자 어두웠던 천문대 주차장에 차들이 하나둘 도착했다. 우선 보조관측실에 들어가 행성을 관측했다. 계절을 떠나 가장 잘 보이는 목성부터 찾았다. 목성은 금성 다음으로 밝은 행성이다. 목성은 수없이 보았지만 늘 흥미롭다. 접안렌즈에 눈을 대면 밝은 원반 모양의 목성과 네 개의 점이 수평으로 나란히 보인다. 네 개의 점은 목성의 위성이다. 지구에 달이 있듯이 목성에도 60개가 넘는 위성이 있다. 수평으로 보이는 네 개의 위성은 목성의 위성 중 가장 큰 이오Io, 유로파Europa, 칼리스토Callisto, 가니메데Ganymedes이다. 17세기 초 갈릴레오 갈릴레이Galileo Galilei가 발견해서 붙인 이름이다. 네 개의 위성 중에서 목성에 가장 가까운 이오는 달보다 조금 크고 유로파는 달보다 약간 작다.

다른 망원경은 토성에 맞춰져 있다. 토성을 보는 가장 큰 재미는 토성의 고리다. 손톱만 한 행성에 반지 모양의 고리가 둘러져 있는 모습을 보면 그 신비함에 매료되고 만다. 토성의 고리는 1610년 갈릴레이가 처음 발견했지만 망원경 성능이 좋지 않아 고리인지 알지 못했다. 그 뒤 1656년 네덜란드의 천문학자 크리스티안 호이겐스Christiaan Huygens가 보다 성능 좋은 망원경으로 토성을 50배 확대해 관측에 성공했고 가늘고 납작한 고리가 있다는 사실을 밝혔다. 기술의 발달로 토성의 실체가 계속 밝혀지며 10년 뒤 이탈리아 천문학자인 지오반니 카시니Giovanni Cassini는 토성의 고리가 하나가 아니라 여러 개로 이루어져 있다는 것을 알아냈다.

이 신비한 고리의 실체는 무엇일까. 바로 수천 억 개의 얼음 조각이다. 고리를 이루는 얼음 조각들이 희미한 햇빛을 반사해 빛나기 때문에 아름답게 보인다. 약간의 상상력을 더하면,

토성의 얼음 고리는 지구에서도 만날 수 있다. 몇 년 전 알래스카를 탐험했을 때 빙하가 무너져 만들어진 유빙이 바다에 떠다니며 띠 모양을 만들었다. 알래스카는 여름 3개월 동안 백야현상으로 인해 해가 지지 않는다. 지지 않는 태양빛을 머금은 유빙의 모습이 토성의 고리를 보는 것만 같았다. 1997년 미국항공우주국은 토성 연구에 공헌한 두 천문학자의 이름을 딴 토성탐사선 카시니-호이겐스호를 발사했다. 카시니-하위헌스호는 지난 20년간 300여 차례나 토성 궤도를 돌며 토성의 신비를 밝혔고 2017년 9월 임무를 마쳤다. NASA는 토성의 위성과 충돌할 것을 우려해 우주 공간에서 파괴하는 방식으로 카시니-호이겐스호를 처리했다. 토성탐사선은 토성 대기권에 뛰어들어 장렬한 최후를 맞았다.

마지막 관측은 선택의 여지없이 달이다. 달빛은 별을 잠들게 했고 옆 사람의 얼굴이 보일 만큼 높이 떠올랐다. 달은 지구에서 가장 가까운 천체여서 더 크고 밝게 보인다. 별이 가득한 하늘을 기대했다면 달은 불청객이다. 하지만 진정한 고수는 달 관측을 더 좋아한다. 가깝고도 먼 달에 이토록 관심을 갖는 이유는 아마도 달이 많은 이야기를 담고 있기 때문일 것이다. 인간은 오랫동안 보름달 표면의 거뭇거뭇한 흔적을 보며 달 토끼를 상상했다. 달은 인간의 삶과도 밀접했다. 물때가 중요한 제

토성의 신비를 밝힌 카시니-하위헌스호

카시니-하위헌스호가 찍은 토성의 모습

주도 어민들한테는 더욱 그랬다. 50년 전 인간이 달에 첫 발자국을 내디딘 이래 수많은 탐사가 이루어졌지만 사람들은 여전히 달을 보며 상상의 나래를 펼친다.

달의 또 다른 묘미는 분화구다. 달 분화구의 기원을 놓고 다양한 가설이 존재한다. 화산작용과 운석 충돌 이론이 쟁점이지만 운석이 충돌할 때 생긴 충격으로 지하에서 용암이 용출돼 만들어졌다는 이론이 중론이다. 우리가 보는 달의 정면에는 현무암질 분화구가 많지만 달 뒷면에는 운석 충돌로 생긴 분화구가 더 많다. 하지만 달은 자전과 공전주기가 같아 우리에게 항상 정면만 보여 준다. 최근 일본의 달 탐사선이 달 뒷면을 촬영한 사진이 공개되었다. 그 모습은 무척 애처로웠다. 지구로 날아오던 수많은 운석을 몸으로 받아내 생긴 운석 구덩이가 즐비했다. 인류 최초로 달 뒷면을 비행한 아폴로 11호 사령선 조종사인 우주비행사 마이클 콜린스Michael Collins는 달 뒷면을 돌며 다음과 같은 메모를 남겼다.

"지구에서 보던 달과는 완전히 다르다. 옛날에 내가 알던 달은 평평한 노란색 원반이었지만 지금 보고 있는 달은 유령처럼 푸른빛을 띤 창백하고 하얗고 거대한 공이다. 달은 우리가 오는 것을 달가워하거나 반가워하지 않는 것 같다. 그래서 우리가 달의 영토를 침범하는 게 옳은 일인지 걱정스럽다."

탐라에서 우주까지

제주에서 우주를 만날 수 있는 곳이 또 한군데 있다. 서귀포 안덕면에 위치한 제주항공우주박물관에 가면 미국항공우주국 NASA에서 만든 허블우주망원경과 화성탐사로버 '큐리오시티Curiosity'의 모형이 있다. 지난 50년간의 우주 탐사를 되돌아보면 허블우주망원경과 큐리오시티의 활약이 두드러진다. 1990년에 발사된 허블우주망원경은 첫 번째 우주망원경으로, 대기의 영향을 받지 않은 선명한 우주의 모습을 인류에게 선사했다. 2012년에 화성에 착륙한 큐리오시티는 드릴을 장착한 첫 번째 화성탐사로버로, 오염되지 않은 화성의 토양을 분석해 화성 탐사의 새로운 전기를 마련했다. 국내에 있는 다른 과학관에도 모형 전시물이 있지만 큐리오시티의 실물 크기 모형은 이곳이 유일하다.

과학에서 실물 크기의 모형을 보는 건 크나큰 감동이다. 미국이나 유럽의 경우 미션을 마친 우주선을 그대로 박물관에 전시하는 일도 많지만 상대적으로 우리나라는 실물을 접하기가 어렵다. 화석이나 동물 표본과는 느낌이 사뭇 다르다. 인간의 힘으로 만들고 인간이 그 안에 들어가 우주를 다녀왔다는 생각을 하면 알 수 없는 전율이 느껴진다. 그래서 실물이 주는 감동은 남다르다.

허블우주망원경은 나에게도 각별한 의미가 있다. 과학기자로 일했을 때 첫 기획물이 허블우주망원경이었다. 2010년은 허

◀ 제주항공박물관에 있는 허블우주망원경 축소 모형

▼ 실제 허블우주망원경

블우주망원경이 발사된 지 20주년이 되는 해였다. 그간의 특집 기사는 허블우주망원경이 촬영한 아름다운 우주 이미지를 주로 소개했고 나는 뭔가 새로운 주제를 찾고 싶었다. 그래서 허블우주망원경과 인연이 있는 과학자들의 이야기를 들어보기로 했다. 수소문 끝에 두 명의 천문학자를 만났고 발사에 얽힌 뒷이야기를 들을 수 있었다.

1990년 4월 24일 아침 여덟 시 23분, 허블우주망원경이 우주왕복선 디스커버리호에 실려 우주로 발사되었다. 발사장 주변은 수만 명의 인파로 인산인해였다. 우주의 속살을 관측한다는 점에서 유인 우주왕복선 프로젝트와 성격이 달랐다. 몇 달 후 허블우주망원경이 첫 번째 관측 사진을 지구로 보내왔다. 한껏 기대했던 천문학자들은 입을 다물지 못했다. 선명한 우주 사진을 기대했지만 초점이 나간 사진이 전송되었기 때문이다. 자칫하면 2조 원이 투입된 프로젝트가 실패로 끝날 상황이었다. NASA의 입장도 난처했다. 원인을 조사하니 핵심 부품인 지름 2.4미터짜리 반사경에 문제가 있었다. 반사경의 초점에 또렷한 상이 맺히지 않았다. 머리카락 두께의 50분의 1 정도를 잘못 가공한 것이다. 반사경의 정밀도는 허블우주망원경의 한계를 결정하는 핵심 요인이다. 프로젝트에 참여했던 천문학자는 이렇게 말했다.

“반사경을 깎는 장치에 프로그래밍 오류가 발생했어요. 음수부호가 들어갈 부분에 양수부호가 들어간 겁니다. 오류 때문에 반사경의 곡면을 측정하는 과정에 문제가 생겼습니다.”

우주 공간에는 대기가 없어 천체의 상은 반사경 성능만큼 좋다. 그런데 허블우주망원경의 반사경에 문제가 있으니 큰일이었다. NASA는 고민 끝에 보정 장치를 만들어 설치하기로 했다. 허블우주망원경을 지구로 가져와 수리할 계획도 세웠지만 귀환 시 발생하는 충격이 문제였다. 결국 보정 장치를 우주왕복선에 실어 우주로 보내기로 했다. 3년의 연구 끝에 광학계 보정 장치를 개발했고 마침내 1993년 12월 2일, 일곱 명의 우주비행사와 보정 장치를 실은 우주왕복선 인데버호Endeavour가 발사되었다. 망원경 수리는 성공적으로 끝났고, 1994년 1월 허블우주망원경은 드디어 초점이 선명한 사진을 보내왔다.

당시 미국 언론에서는 인데버호 발사 전까지 단 한 건의 비난 기사도 나오지 않았다. 모두가 하루빨리 우주망원경을 고치겠다는 생각만 하는 것 같았다. 인터뷰를 하면서 인간의 능력이 참 대단하다는 걸 느꼈다. 인간의 호기심을 해결하기 위해 수조원의 비용이 투입되었고 그 실패의 과정을 용인하고 지켜보는 게 쉬운 일은 아니었을 것이다. 직접 허블우주망원경을 보지는 못했지만 기사를 쓰며 매일 밤하늘을 바라보았다. 어딘가 떠 있

허블우주망원경을 수리하는 모습

을 허블우주망원경을 떠올리며 지구에 돌아온다면 꼭 한 번 만나러 가겠다는 다짐을 하곤 했다. 허블우주망원경은 다행히 큰 고장 없이 지금도 미지의 우주를 관측하고 있다.

이런 기억 때문인지 눈앞에 마주한 허블우주망원경 모형이 남달랐다. 허블우주망원경 실물은 생각보다 크다. 무게 12.2톤, 반사경 지름 2.4미터, 경통의 길이는 약 13미터에 이른다. 박물관에 있는 것은 축소 모형이지만 실물의 외관을 그대로 재현했다. 당장이라도 우주에 보내면 태양 전지판이 작동해 전기를 만들어 움직일 것만 같았다. 지난 27년간 허블우주망원경이 관측한 우주 사진은 과학적 가치뿐만 아니라 문학이나 예술 작품에 영감을 불어넣는 재료가 되었다. 우주 사진을 본 사람들은 시, 소설, 그림으로 표현했다. 프랑스 소설가 마르셀 프루스트Marcel Proust는 "진정한 발견을 위한 여행은 새로운 풍경을 찾는 것이 아니라, 새로운 눈으로 보는 것이다"라는 말을 남겼다.

허블우주망원경 모형 바로 옆에는 화성탐사로버 큐리오시티의 실제 크기 모형이 있다. 이것이야말로 실물이다. 이 화성탐사로버의 실물이 대단한 이유는 무게가 900킬로그램이라는 점 때문이다. 지구에서 약 5억7천만 킬로미터를 날아가 약 1톤 무게의 로버를 착륙시키는 일은 모두 불가능하다고 말했다. 바로 전에 화성에 착륙했던 로버에 비해 다섯 배가량 무거운 쇳덩

실제 화성탐사로버 큐리오시티

큐리오시티 실물 크기의 모형

어리를 안전하게 착륙시키는 일은 과학계에 있어 큰 도전이었다. 이전까지 화성에 착륙하는 방식은 에어백이 로버를 감싸는 방식이었다. 하지만 큐리오시티는 무게가 너무 무거워서 그 방법이 통하지 않았다. 우선 지름 17미터짜리 초대형 낙하선으로 속도를 반으로 줄인 다음, 역추진이 가능한 스카이 크레인에 달린 밧줄에 매달려 착륙하는 방식을 사용했다. 2012년 8월 5일, 무사히 화성에 착륙한 큐리오시티가 성공적으로 첫 이미지를 보내오자 수십 명의 과학자들이 환호성을 지르던 모습이 전 세계에 중계되었다. 당시 뉴욕 타임스퀘어 앞에는 이 역사적인 광경을 보기 위해 수만 명의 인파가 몰렸다. 무엇보다 큐리오시티는 팔에 소형 드릴이 달려 있어 화성 표면 내부의 지질학적 성분을 연구할 수 있다.

화성에 도착한 지 1년 뒤 큐리오시티는 첫 번째 드릴 작업을 수행했다. 그 데이터를 분석한 과학자들은 믿기 힘든 결과를 마주했다. 암석에서 지구 생명체의 필수 원소인 탄소, 질소, 산소, 인, 황산 성분이 모두 발견되었기 때문이다. 게다가 흐르는 물이 있어야 만들어지는 점토 광물이 포함되어 있었다. 이를 통해 과거에는 화성에 생명체가 살 수 있는 상태였을 거라는 결론을 얻었다. 또 하나 주목할 점은 큐리오시티가 착륙한 지점이 게일 분화구Gale Crater라는 점이다. 제주의 오름처럼 과거 화산활동에 의해 만들어진 지역에 착륙하고 그 지역을 조사하는 방식이다. 화산활동이 일어난 지역은 화산이 분출하면서 지표 아래에 있는 다양한 성분이 밖으로 나와 쌓이기 때문에 화성의 과거를 이해할 수 있는 중요한 지역이다.

만약 화성의 외계인이 지구로 탐사로버를 보낸다면 제주가 가장 유력한 착륙 후보지가 될 것이다. 굳이 제주도의 오름 중 가장 유력한 후보지를 꼽는다면 분명 거문오름이다. 우선 거문오름은 규모가 큰 화산 폭발로 인해 오름의 한쪽 면이 무너져 내려 분화구 중심으로 탐사로버의 진입이 용이하다. 또 하나, 거문오름은 용암이 해변까지 흘러가면서 대규모 동굴을 만들었다. 탐사에 있어서 동굴은 유력한 인간 거주지로 꼽는다.

최근 일본 우주항공개발기구 JAXA 연구팀이 달의 지하에 50킬로미터에 달하는 용암 동굴이 있다는 사실을 알아냈다. 달 탐사위성 '가구야'가 수집한 자료를 분석하니 과거 화산활동에 의해 생긴 동굴이었다. 이 동굴은 달 표면의 '말리우스 언덕'으로 불리는 지역에 위치해 있는데 전파를 이용해서 얻은 데이터를 조사한 결과 수직 동굴에서 서쪽으로 향해 100미터 정도의 너비로 동굴이 이어진 것으로 밝혀졌다. JAXA는 향후 달 탐사 때 이 공간을 이용할 수 있다면 방사선과 극심한 온도 변화로부터 보호받을 수 있을 것으로 기대하고 있다. 내부가 무너지지 않아 땅속의 암석 등에 얼음과 물이 존재할 가능성도 있다고 한다.

이런 측면에서 보면 거문오름은 화성인 입장에서 최고의 탐사 지역이다. 지금이야 온갖 식물로 둘러싸인 아름다운 섬이지만 180만 년 전으로 돌아가면 제주는 지금의 화성과 크게 다르지 않았을 것이다. 좀 더 우주적인 상상을 해 보자. 한라산과 주변 오름을 태양계에 빗대어 보자. 누구라도 한라산을 태양에 비유할 것이다. 나머지 행성은 어떤 오름이 대신할까. 크기로 구분하자면 한라산 동쪽에 위치한 거문오름을 목성이나 토성으로 비유하면 어떨까. 수백 개의 작은 오름은 소행성 정도로 해 두자.

서귀포천문과학문화관

주소　제주도 서귀포시 1100로 508

전화번호　064-739-9701

개방 시간　14:00~22:00

휴관　1월1일, 설날, 추석, 매주 월요일

입장료　어른 2,000원, 청소년 1,000원

홈페이지　astronomy.seogwipo.go.kr

제주항공우주박물관

주소　제주도 서귀포시 안덕면 녹차분재로 218

전화번호　064-800-2000

관람 시간　9:00~18:00

휴관　셋째 주 월요일

입장료　어른 10,000원, 청소년 9,000원

홈페이지　www.jdc-jam.com

제주별빛누리공원

주소　제주도 제주시 선돌목동길 60

전화번호　064-728-8900

관람 시간　10월~3월 14:00~22:00 | 4월~9월 15:00~23:00

입장료　성인 5,000원, 청소년 3,500원

홈페이지　star.jejusi.go.kr

용눈이 오름과 은하수

오름과 오름 사이 비밀의 숲, 습지

1100고지습지

△

숨은물뱅듸습지

▽

먼물깍습지

제주에서 발견하는
습지 생태

"한라산 1100고지에 습지가 있다고요?"

이른 아침 김완병 박사의 전화를 받고 의아함에 다시 한 번 물어보았다. 화산섬에 습지가 있다니. 습지는 말 그대로 물기가 있는 축축한 땅이다. 습지가 만들어지려면 꾸준히 물을 공급하는 수원이 필요하다. 우리가 알고 있는 유명한 습지인 순천만 연안이나 창녕 우포늪은 바다와 인접했거나 지하수면이 높아 연중 물의 공급이 원활해 습지로 좋은 입지를 갖췄다. 하지만 제주는 물이 잘 빠지는 화산암으로 이루어진 땅이다. 비가 와도 물이 고이지 않고 금방 바위틈으로 빠져 버린다. 제주도에 강이 없는 이유도 마찬가지다. 장마철이나 폭우가 내릴 때는 일시적으로 하천에 물이 흐르지만 태생적으로 습지가 생기기 어려운 운명을 타고났다.

아무튼 처음으로 고지대에 위치한 고산습지를 본다는 생각에 한껏 기대감에 부풀었다. 이른 아침이지만 한라산으로 올라가는 도로에 차가 많았다. 우리는 도로 초입에 있는 휴게소에 들러 음료수와 김밥을 챙겼다.

“제주도는 참 특이해요. 백록담 같은 너른 화구호에도 물이 없는데 고산지대에 습지가 있다는 게 믿기지 않아요.”

“화산섬이라는 특성 때문에 내륙의 습지와는 다른 생태적 특성을 가지고 있어요.”

“도대체 어디서 물이 나와 습지를 만든 거죠?”

궁금증을 뒤로하고 우선 숲길 드라이브를 즐기기로 했다. 우리가 지금 달리고 있는 제주의 산악 도로는 주민의 방목과 산림 벌채 등을 위해 만든 것이다. 현재 한라산을 횡단해 제주시와 서귀포시를 연결하는 1100도로가 있고 이외에도 제주의 북쪽과 남쪽을 연결하는 도로망이 늘어났다. 일제 강점기 말 일본군은 미국과의 싸움을 준비하며 20만 대군을 한라산록에 주둔시켰다. 일본군은 군사 행동을 대비해 물이 있는 곳을 골라 도로를 개설했고 당시 일본군이 건설한 산악 도로는 해발 900미터 지대인 어승생저수지와 어승생봉을 중심으로 만들어 놓았다. 올라오는 길에 어승생저수지를 지나쳤다. 도로에서 봤을 때

콘크리트 담이 보여 중산간에 위치한 종합경기장인 줄 알았다. 김 박사가 중산간 지대에 물을 공급하는 저수지라고 말해 주었다. 강수량이 많고 지하수 함량이 풍부한 제주에서 왜 중산간 지대에 저수지를 만들었는지 궁금했다. 제주도 유일의 상수원 저수지인 어승생저수지가 개발된 건 어승생오름 계곡의 물 용출량이 많았기 때문이다. 식수뿐만 아니라 전력 생산에도 사용할 목적으로 개발을 추진했지만 전력 생산으로 쓰기에는 용출량이 부족했다. 잠시 길가에 차를 세우고 저수지 너머를 둘러보았다. 까치발을 하고 올려다보니 1969년에 완공된 제 1 저수지 내부에 담겨 있는 물이 보였다. 차로 1킬로미터 정도 올라가면 새로 만든 제 2 저수지가 있다. 두 저수지는 제주 중산간 마을에 상수도를 공급하는 중요한 역할을 한다. 하지만 어승생의 물 용출량이 줄고 기후 변화에 따른 강수량 감소로 물 공급에 어려움을 겪고 있다. 당시 도로와 저수지 건설은 1968년 7월 정부가 폭력배를 일제히 소탕하면서 시작되었다. 이때 잡힌 폭력배들을 교화라는 이름 아래 국토건설단으로 배치해 건설에 동원시켰다.

1100도로는 한라산 남쪽인 서부지역과 연결되는 편리한 도로지만 고도가 높아 대형 화물차나 대형버스의 운행이 어려웠다. 그래서 1100도로 개통 이전까지 한라산 등산은 주로 관음사와 성판악 코스를 이용했지만 도로가 개통되고 나서는 한라산 다섯 개 등산로 가운데 어리목과 영실 코스의 이용률이 전체의 90% 이상이 되었다.

이야기를 나누다 보니 어느새 1100고지 휴게소에 도착했다. 이 도로를 수없이 지났지만 휴게소에 들린 건 처음이다. 정상에 있는 1100고지 휴게소는 한라산을 힘들게 등반하지 않아도 한라산 중산간의 자연을 만끽할 수 있는 곳이다. 자연을 훼손하지 않는, 최소한의 공간에 자리 잡은 휴게소 옆에는 작은 공원이 있다. 멀리서 봐도 지나는 이들의 호기심을 일으키는 산악인 고상돈의 동상과 백록상(흰 사슴)이 세워져 있다. 고상돈 선생은 국내 산악인 중 처음으로 1977년 9월 15일 에베레스트를 등정한 제주 출신 산악인이다. 서구권 산악인들의 전유물이던 에베레스트를 등정한 것 자체만으로 그는 세상의 주목을 받았다. 에베레스트 같은 설산을 등반하려면 겨울 산행을 경험하는 것이 무엇보다 중요하다. 평소의 산을 오르는 것과 눈 덮인 산을 오르는 건 완전히 다른 일이다. 지금도 세계의 고봉에 도전하는 산악인들은 등정을 앞두고 연습을 위해 겨울 한라산을 오른다. 국내 산악 등정의 발자취를 돌아보면 한라산과 제주 산악인들이 늘 그 중심에 있었다. 제주를 빛낸 그의 도전을 기리기 위해 2010년 2월 12일 1100도로 일부 구간을 '고상돈로'로 지정했다.

고상돈 동상 옆으로는 고개를 들고 백록담을 보고 있는 백록상이 있다. 이 백록상에는 백록담과 얽힌 전설이 담겨 있다. 한 젊은 사냥꾼이 어머니의 병을 고치기 위해 특효약인 사슴피를 찾아 사냥에 나섰다. 헤매던 끝에 한라산 정상에서 흰 사슴과 마주쳤고 활시위를 당기려는 순간 백발의 신선이 나타나 흰 사슴을 데리고 사라졌다. 사냥꾼은 허탈한 마음에 신선과 사슴이 사라진 안개 속으로 걸어가 연못에 있는 물을 떠서 어머니에게 가져다 드렸다. 놀랍게도 연못의 물을 마신 어머니는 병이 나았고 그 뒤로 사람들이 이 연못을 백록담이라고 불렀다. 효성이 지극한 사람에게만 보인다는 백록은 행운과 장수를 상징한다.

오래전, 별을 좋아하는 지인에게 1100고지는 한라산에서 가장 멋진 은하수를 볼 수 있는 장소라는 이야기를 들었다. 한라산의 어원이 '은하수를 잡아당길 수 있을 만큼 높다'라는 의미이니 은하수를 보기 위한 최적의 장소임에는 틀림없는 것 같다. 제주에는 어원을 알면 장소의 특성을 알 수 있는 곳이 많다. 한라산 탐방 코스 중 최고의 절경으로 꼽히는 영실기암의 영실靈室은 '신령의 방'이라는 의미다. 계절에 따라 옷을 갈아입는 풍경과 기임괴식이 만들어 내는 자태는 가히 신령의 방이라 해노 부족함이 없다. 영실기암 정상에 이르면 한라산에서 가장 넓은 평원인 선작지왓이 파노라마처럼 펼쳐진다. 여기서 '작지'는 자갈을 의미하고 '왓'은 밭을 의미한다. 의미를 그대로 옮겨 놓은 것처럼 선작지왓 일대는 작은 돌들이 넓은 밭처럼 펼쳐져 있다. 봄이 되면 넓은 밭 위에 진달래와 철쭉이 활짝 펴서 아름다운 자태를 뽐낸다.

"자, 그럼 물의 기원을 찾으러 갈까요."

휴게소 길 건너편에 1100고지습지로 가는 안내판이 보였다. 습지를 밟지 않고 볼 수 있게 전망 시설까지 만들어 놓았다. 숲 사이로 난 나무 데크를 따라가자 넓은 습지가 시야에 들어왔다. 습지에 물이 많지 않아 안내판이 없다면 지나쳤을지도 모를 정도였지만 이곳이 습지임을 알려주는 단서가 여러 개 보였다. 수박 크기만 한 화산암괴(화산암)가 습지 위에 고루 분포되어 있고 암석 위에는 습한 지역에 많이 사는 지의류地衣類도 보였다. 지의류는 균류와 조류가 공생하는 식물군으로 균류는 자낭균류 또는 담자균류의 일종이고, 조류는 남조식물 또는 녹조식물의 일종이다. 조류를 둘러싸고 있는 균류는 균사로서 물을 흡수하여 보존하고, 조류는 광합성을 통해 필요한 영양분을 만든다고 생각하기 때문에 둘을 공생 관계로 보고 있다. 화산암괴에

균류와 조류가 공생하는 모습을 보니 서호주 해멀린 풀Hamelin Pool에 있는 스트로마톨라이트Stromatolite가 떠올랐다. 여기서 조류는 흔히 남조류라고 불리는 광합성 미생물을 말한다. 35억 년 전, 생명체 중 최초로 광합성을 통해 영양분을 만들고 광합성의 부산물로 산소를 만든 미생물이기도 하다. 남조류가 광합성을 하는 과정에서 만들어진 퇴적암은 마치 화산암괴를 닮았다.

데크를 따라 물이 고인 방향으로 향했다. 얼핏 보면 웅덩이에 물이 고인 것처럼 보이지만 물이 흐른 자국을 따라 올라가니 여러 갈래로 주변 숲과 연결되어 있었다. 기본적으로 빗물과 한라산 서쪽 사면으로부터 유입된 지표수와 지하수가 습지에 물을 공급한다. 지표수는 물을 공급하면서 퇴적물의 운반을 돕고 유기물을 함유한 퇴적물은 습지 생태계를 만드는 연료로 사용된다. 또한 1100고지 일대에는 화산암괴 지형이 발달해 지표수의 흐름을 느리게 만들어서 물이 오랫동안 습지에 머문다. 게다가 제주도의 지질 조건에서 보기 힘든 지하수의 흐름이 발견되어 중산간이지만 습기가 많이 분포하는 것이다. 흔히 습지는 강 근처나 저지대에 있다고 알고 있지만, 1100고지 일대는 광범위한 평탄면이 있어 습지 형성에 좋은 조건을 갖추었다.

1100고지습지를 비롯해 애월 숨은물뱅듸습지, 선흘 동백동산의 먼물깍습지, 봉개동 물장오리오름, 남원읍 물영아리오름 등 다섯 개의 제주 습지가 람사르 습지Ramsar Wetlands에 선정되었다. 람사르 습지는 '물새 서식지로서 중요한 습지 보호에 관한 협약'인 람사르 협약에 따라 독특한 생물지리학적 특징을 가진 곳이나 희귀 동식물종의 서식지, 또는 물새 서식지로서의 중요성을 가진 습지를 보호하기 위해 지정한다.

단순히 축축한 땅이라는 고정관념과 달리 습지는 경제·문화·과학적으로 보존 가치가 높은 자연환경이다. 인간의 삶과도 밀접한 관련이 있는데, 특히 홍수 조절 기능과 가장 밀접하다. 습지는 토사와 물을 저장하는 기능이 있어 홍수가 났을 때 하류로 흘러가는 물의 속도를 낮춘다. 또한 지상에 존재하는 탄소의 40% 이상을 저장해 대기로 탄소가 유입되는 것을 막아 주어서 지구온난화의 주범인 이산화탄소의 양을 조절해 준다. 그밖에도 수질 정화, 생물종 다양성 유지 측면에서 우리의 삶과 떼려야 뗄 수 없는 관계다.

중간중간 설치된 안내판에 습지를 안식처로 살아가는 동식물을 설명하고 있지만 탐방객이 많은 낮에는 활동을 하지 않는지 쉽게 볼 수는 없었다. 습지 연구와 보존 활동을 하는 연구자와 애월 지역 주민으로 구성된 모니터링 요원들과 함께 건너편에 있는 숨은물뱅듸습지로 향했다. 습지 연구자들의 이야기에 따르면 1100고지습지는 동쪽의 불래오름과 어슬렁오름 사이에

서 시작되어 서쪽의 숨은물뱅듸습지와 이어지는 것으로 추정된다고 한다. 숨은물뱅뒤습지 탐험은 고산지대 습지 생태계를 복합적으로 이해하는 단서가 된다.

휴게소에서 제주시 방향으로 100미터쯤 걷자 왼쪽으로 작은 습지가 시작된다. 물이 많지 않아 건습지인 줄 알았는데 막상 들어서니 질퍽거릴 정도로 바닥에 물이 고여 있다. 습지 한가운데를 가로질러 5분 정도 걸어가니 이내 울창한 원시림이 이어진다. 잠시 후 한라산 중산간에 서식하는 조릿대 숲이 펼쳐졌다. 한라산 탐방로에서 봤던 작은 소릿대와 날리 키가 허리춤까지 온다. 정기적으로 생태 모니터링 작업을 해서인지 사람의 흔적이 남아 있어 마치 등산로처럼 보였지만 뒤에서 내려다보면 방향을 찾기 어려웠다. 제주생태관광협회 이성권 국장을 선두로 열다섯 명의 참가자가 뒤를 따랐다. 나는 처음에는 선두에 섰다가 맨 끝으로 자리를 바꿨다. 천천히 숲길을 느껴 보고 싶었다. 이름을 아는 식물은 구실잣밤나무와 제주조릿대뿐이었고 처음 보는 식물군이 많아 하나하나 살펴보며 걷기에도 시간이 부족했다. 연구에 따르면 이 일대에는 106과 207종의 식물이 분포한다고 하니 그야말로 식물 생태계의 보고이다. 내리막길 중간에는 넓고 평평한 공간도 있다. 조금 전 1100고지습지에서 봤던 화산암을 지의류가 덮고 있다. 넓은 의미에서 이곳도 습지에 포함되는 것이다.

세 개의 오름 사이에 숨어 있는
숨은물뱅듸습지

제주도는 지리적 위치와 해발고도, 한라산 지세의 영향으로 아열대에서 아한대 기후까지 다양한 식물 분포를 보인다. 해안에서 한라산 정상까지 고도에 따라 해안식물대, 초지대, 상록활엽수림대, 낙엽활엽수림대, 침엽수림대, 관목림대로 구분한다. 우리가 있는 지역은 낙엽활엽수림대로 졸참나무, 서어나무, 단풍나무, 왕벚나무, 팽나무 등이 서식하며 바닥 층에는 오면서 봤던 제주조릿대, 여름새우난초 등이 자생한다. 낙엽활엽수림대에는 서식하지 않지만 해발 1,400~1,800미터에 이르는 침엽수림대에는 전 세계에서도 한국에만 분포하는 구상나무가 군락을 이루고 있다. 백록담 정상에 가 보았던 사람이라면 구상나무를 본적이 있을 것이다. 소나무과에 속하는 구상나무는 지형적인 특성상 뿌리를 깊이 뻗지 못하고 옆으로 길게 뻗는다. 그래서 폭설이 내리거나 바람이 세게 불면 견디지 못하고 뿌리가 뽑히고 만다. 하지만 땅에 뻗어 있는 잔뿌리로 생명력을 유지해 앙상한 자태가 남을 때까지 생존한다. 특유의 강한 생명력과 독특한 식생 구조는 한라산이 세계자연유산으로 선정되는데 핵심적인 역할을 했다.

구상나무를 처음으로 발견한 사람은 프랑스인 선교사인 타케 신부Emile Taquet와 포리 신부Urbain Faurie다. 그들은 1902년부터 1915년까지 제주에서 포교 활동을 하면서 식물표본을 채집했다. 1909년 한라산과 지리산에서 구상나무 표본을 수집해 하버드대학교 아놀드 식물원에 보냈다. 하지만 새로운 종으로 감정되지 않고 단지 보관에 그치고 말았다. 그 뒤 1920년, 영국의 식물학자 어니스트 윌슨Ernest Wilson이 한라산에서 채집한 구상나무 표본을 연구해 '아비스 코리아나Abies Koreana'라는 신종으로 명명하면서 세상에 알려졌다. 당시 구상나무는 전나무와 함께 크리스마스트리로 인기를 끌었다. 원산지는 한국이지만 요즘은 구상나무를 역수입하는 상황이다. 이 사실을 알고 나니 1900년대 초에 한국 땅을 처음 밟은 외국인들에게 한라산 그리고 제주라는 섬이 어떻게 보였을지 궁금해졌다.

2009년 하와이 빅아일랜드를 탐험하면서 한 노인을 만났다. 킬라우에아 화산 근처에 있는 재거박물관Jaggar Museum에서 매니저로 일하고 있던 그는 한국에서 온 나에게 "'동방의 하와이'라고 불리는 제주도에 꼭 가 보고 싶다. 죽기 전에 화산섬 위에 펼쳐진 아름다운 자연의 모습을 보고 싶다"고 말했다. 화산 박물관에 근무하다 보니 전 세계 화산섬에 대한 정보를 많이 접하겠지만 그의 말에는 제주도에 대한 관심을 넘어 동경이 담겨 있었다.

한라생태문화연구소 강문규 전 소장의 칼럼에서 한라산을 서양에 알린 독일인 지그프리트 겐테Siegfroied Genthe에 대한 이야기가 나온다. 그는 1901년 서양인 최초로 한라산을 등정했고 한라산의 높이가 1950미터라는 사실을 서양에 알린 인물이다. 독일에서 지질학으로 학위를 받고 신문기자가 된 그는 미국인 친구 샌즈를 만나며 제주도의 자연과 문화에 매료된다. 제주 탐험을 결정하고, 친구의 소개로 알게 된 제주목사 이재호의 도움으로 제주에 입성한다. 사실 그는 샌즈를 만나기 훨씬 전부터 제주 탐험에 대한 꿈을 키웠다고 한다. 겐테는 중국으로 가기 위해 배를 타고 제주 근해를 지날 때 한라산을 보고 강렬한 탐험 충동을 느꼈다. 우여곡절 끝에 제주에 도착했지만 한라산 탐험은 쉽지 않았다. 제주 사람들은 누구도 올라간 적이 없는 신성한 산에 외국인이 올라가면 재앙이 온다며 반대했고 탐험을 위해 가져온 사진기, 기압계, 망원경 등의 낯선 물건이 눈에 곱

게 보였을 리가 없다. 하지만 끈질긴 설득으로 등정 허가를 받아냈고 호위병과 한라산 지리에 밝은 현지인과 함께 한라산에 올랐다. 백록담에 오른 그는 아네로이드 기압계를 꺼내 한라산 높이가 해발 1950미터라는 사실을 최초로 측정했다. 1905년에 발간한 《겐테의 제주여행기》에서 한라산 정상에 오른 감동을 다음과 같이 표현했다.

"제주의 한라산처럼 형용할 수 없을 정도로 방대하고 감동적인 파노라마가 펼쳐지는 곳은 분명 지구상에서 그렇게 많지 않을 것이다. 한라산은 바다 한가운데에 있고 모든 대륙으로부터 100킬로미터 이상 떨어져 있다. 거의 2,000미터 높이에 있는 이곳까지 해수면이 활짝 열리며 우리의 눈높이까지 밀려올 듯 솟구쳐 오른다."

국내에는 2,000미터가 넘는 고봉이 없다보니 많은 사람들이 외국의 높은 산을 보고 감탄한다. 우리나라 산은 고도가 낮아서 볼 게 없다는 푸념 섞인 말을 하기도 한다. 하지만 100년 전 겐테의 여행기야말로 우리가 잊어버린 한라산에 대한 진정한 가치를 보여 준다고 생각한다. 비행기를 타고 한 시간만 가면 세상 어디에 내놓아도 자랑스러운 한라산이 있다는 사실을 이방인의 시선을 통해 다시 한 번 되새긴다. 거기에 더해 제주 사회에서 겐테에 대한 재조명이 이루어지고 있나는 기쁜 소식을 들었다. 국립제주박물관에서는 겐테를 주제로 특별전을 열기도 했다. 자연을 발견하고 알리는 일에는 국경과 언어가 장벽이 되지 않는다.

30여 분을 걸어 멀찌감치 보이는 활엽수림을 지나자 그야말로 햇살에 비친 푸르른 습지가 그림처럼 눈앞에 펼쳐졌다. 마치 캄보디아 밀림에서 앙코르와트 사원을 발견한 고고학자가 된 기분이다. 인간의 손길이 전혀 닿지 않은 듯, 자연의 원형이 그대로 느껴졌다. 그런데 저 멀리 통나무로 만든 간이 건물이 보였다. 탐방안내소인가 싶었는데 습지 보호를 위해 감시원이 상주하는 공간이라고 했다. 갑작스러운 문명의 흔적에 잠시 허탈감도 들었지만 습지 생태 보호를 위해 반드시 필요한 장치였다. 습지 입구에 '숨은물뱅듸습지'라 적힌 안내판이 있었다. 김완병 박사가 '뱅듸'는 '오름과 오름 사이에 위치한 평평한 땅'이라고 설명한다. 말의 의미를 알고 뒤로 몇 걸음 물러나서 보니 습지 뒤편으로 삼형제오름, 노로오름, 살핀오름이 나란히 보인다. 숨은물뱅듸를 해석하면 '세 개의 오름 사이에 숨어 있는 너른 벌판'인 셈이다. 화산학 용어와 마찬가지로 고유한 생태계를 갖춘 지역은 지명이나 방언으로 학명을 정하는 경우가 많다. 제주도 역시 마찬가지다. 우리가 흔히 오름이라고 부르는 지명도 화산 용어로는 분석구이며, 빌레라고 부르는 용어는 파호이호

습지에 사는
송이고랭이

이 용암을 의미한다. 제주의 자연을 이해하는 출발점은 제주어라는 말이 새삼 실감 난다.

숨은물뱅듸습지는 식물 생태계가 우수할 뿐 아니라 다양한 야생 생물들의 서식처로도 중요한 역할을 한다. 습지연구자인 문명옥 박사는 습지에 사는 식물은 습지에서만 서식이 가능하기에 멸종되면 복원이 어렵다고 설명했다. 이곳 습지에 서식하는 대표적인 식물은 송이고랭이다. 특이하게 꽃대가 삼각형 모양이며 꽃대 끝에 작은 열매가 달려 있다. 이들은 마치 바다 위에 떠 있는 섬과 같은 존재다. 번식을 위해 반드시 물이 있는 습지에 살아야 하는 운명을 타고났다.

참가자들은 문 박사 주위에 모여 습지 생태에 대한 설명을 들었다. 장화를 신고 온 이성권 국장이 습지 안으로 들어가 연신 셔터를 눌렀다. 꽃잎이 작은 식물을 찍으며 미소가 가득하다.

"자주땅귀개에요. 벌레잡이 식물이죠. 1100고지습지와 숨은물뱅듸습지에만 자생하는 식물입니다."

그가 손으로 가리키지 않았다면 줄기와 꽃잎이 너무 작아 모르고 지나칠 뻔했다. 열매를 덮은 꽃받침 조각이 귀이개와 닮아 붙여진 이름이라고 한다. 다큐멘터리에서 식충식물을 가끔 봤지만 이렇게 가녀린 식물이 벌레를 잡는다니 도통 믿기지가 않았다. 자주땅귀개는 뿌리에 벌레잡이주머니라는 함정을 만들어 벌레를 잡는다고 한다. 주머니 입구에 작은 돌기가 있어 지나가던 물벼룩 같은 먹잇감이 돌기를 건드리면 빠르게 수축해 물과 함께 주머니 안으로 빨아들인다. 물이 부족한 습지에서 생존을 위해 진화한 것이다. 자주땅귀개와 함께 1100고지 일대에만 자생하는 한라부추의 모습도 보였다. 부추처럼 생긴 얇은 줄기에 분홍색 꽃망울이 자태를 뽐낸다. 10년 전 몽골 고비사막으로 탐험을 갔을 때 비슷한 꽃을 본 적이 있다. 부추과 식물인데 부추향이 나 줄기를 뜯어 맛을 보았었다. 동행했던 유목민이 말하길, 오래전부터 식용으로 사용했고 탐험가들은 양치 대용으로 썼다고 했다. 생각해 보니 그때 탐험했던 지역도 해발고도 1,000미터가 넘는 협곡이었다. 나중에 알게 된 사실이지만 한라산에는 고지대에 사는 한대성 식물이 많이 분포해 있다. 이는 모두 백두산, 만주, 시베리아, 몽골 등에서도 자생하는 대륙계 식물이다.

습지 주변을 둘러보니 몇 군데 나무줄기에 인공 구조물이 달려 있다. 습지 생태를 관찰하기 위한 무인카메라다. 최근 습지 곳곳에서 소똥이 발견되어 소의 생태를 기록하기 위해 설치했다고 한다. 무인카메라의 내장 메모리를 옮겨 보니 야간에 습지에서 서식 중인 소의 모습이 기록되어 있었다. 처음에는 믿기지 않았다. 우리가 상상하는 소떼의 모습은 너른 들판에서 풀을 뜯고 있는 모습이기에 이렇게 높은 지대에 소가 있을 거라곤 생각하지 못했다. 연구자들은 농가에서 탈출한 소가 야생에서 살다가 인적이 드문 밤에 습지로 와서 목을 축이는 것이라고 추측했다. 숨은물뱅듸습지가 연중의 절반은 물이 고여 있고, 절반은 육상식물이 자라는 건습지의 형태이기 때문에 가능한 일이다. 이런 지형은 동물과 식물이 함께 서식할 수 있는 조건을 갖추고 있기에 생물 다양성을 연구하는 최적지다.

다른 참가자들이 습지 너머 숲으로 걸음을 옮긴다. 지금 보는 모습이 습지의 전부가 아니었다. 서둘러 따라가니 아까의 면적만큼의 습지가 또 다시 펼쳐졌다. 접근이 쉬운 물가에서 이성권 국장이 사진을 찍고 있었다. 이번에는 식물이 아닌 동물을 찍고 있다. 작은 연못이지만 식물과 동물을 비롯해 다양한 수생동물의 모습이 보였다.

습지 조사를 마치고 동행한 제주 지역 연구자들과 연구 분야부터 사소한 이야기까지 많은 것을 주고받았다. 그중에서도 세계에서 유일하게 제주에만 살고 있는 고사리에 관한 문명옥 박사의 이야기에 눈이 번쩍 뜨였다. 고사리의 종류는 많지만 세계적으로 1속 1종인 고사리는 처음 발견되어서 전 세계 식물학

자들을 흥분하게 만들었다고 한다. 마침 오후 일정이 제주고사리삼이 발견된 동백동산습지다. 우리는 원시 고사리를 찾아서 선흘리로 향했다.

지구상에서 제주도에만 사는

제주고사리삼

동백동산습지는 조천읍 선흘리에 위치한 곶자왈 안에 있는 습지다. 선흘리는 제주 사람들도 잘 모르던 작은 마을이었다. 2007년 7월 근처에 있는 거문오름 일대의 화산활동 흔적들이 세계자연유산으로 선정되면서 유명세를 타기 시작했다. 제주의 다른 관광지와 달리 내륙에 있고 관광객을 위한 시설이 적다 보니 아직 여행자로 붐비지 않았다. 무분별한 개발이 진행되지 않아 제주 숲 생태계의 원형인 곶자왈 지대가 발달할 수 있었다.

동백나무가 많아서 일명 동백동산이라고 부르는 선흘곶자왈은 제주도에서 가장 면적이 넓은 곶자왈 지대다. 게다가 바위틈으로 물이 쉽게 스며드는 곶자왈 지대에 드물게 습지가 발달해 학자들 사이에서는 그 가치를 인정받은 지 오래다. 동백동산으로 들어가는 입구는 두 군데다. 원래 입구는 동백동산습지센터지만, 우리는 습지를 관찰하기 위해 출구 쪽으로 갔다. 출구로 가는 길 주변은 인가가 드물었다. 이차선 도로만 없다면 무성한 밀림이라고 해도 이상하지 않았다. 처음 오는 사람이 봐도 제주의 마을이 아닌 곶자왈을 지나고 있다는 생각이 들 것 같았다. 목적지에 도착할 무렵 선흘리 마을 어귀가 보였다. 마치 동화 속 마을을 옮겨 놓은 것 같은 모습이다. 건물을 새로 짓지 않고 원래의 가옥을 보수한 집이 많았고 담벼락마다 개성 있는 벽화가 그려져 있었다.

습지로 가기 전, 문 박사가 이야기한 제주고사리삼을 보기 위해 탐방로를 벗어났다. 해가 중천에 떠 있지만 숲속은 컴컴했다. 낙엽은 축축하고 물을 머금은 나뭇가지는 검은색으로 보였다. 직감적으로 고사리 같은 식물이 살기 좋은 땅이다 싶었다. 실제로 곶자왈에서 국내 양치류의 80% 정도가 발견된다. 그중 세계에서 유일하게 제주도 일부 지역에서만 자라는 제주고사리삼이 발견된 것이다. 특히 제주고사리삼은 물이 고였다 빠지기를 반복하는 곶자왈 숲 틈의 '반습지' 같은 극히 제한적인 환경에서만 자란다. 문 박사의 말에 따르면 2001년에 새로운 고사리 표본을 발견했다고 학계에 처음 보고하니 학자들조차 믿지 않았다고 한다. 새로운 종이 발견되는 경우는 종종 있지만 종의 상위 개념에 해당하는 속이 발견되는 경우는 극히 드물기 때문이다. 외국의 한 고사리전문가는 한국 연구팀에게 사진을 보기 전에는 믿을 수 없다는 말을 전했지만, 사진을 보고 난 뒤에는 무척 놀라워하며 감탄사만 연발했다는 후문이 있다. 한국 식물학계의 위상을 떠나 그만큼 자연의 원형이 보존됐다는 측면에서 국가적인 신임도를 얻는 발견이었다. 제주고사리삼은 세계적으로 1속 1종인 희귀식물이면서 워낙 개체 수가 적어 세계자연보전연맹 적색목록 심각한 위기종, 환경부 멸종위기야생식물 2등급으로 지정되어 보호받고 있다. 최근 동백동산에서 멀지 않은 구좌읍 김녕리 일대에서 제주고사리삼 4,000개체가 자라는 군락지가 발견되어 다시 세상의 이목을 끌었다.

제주고사리삼 군락지에는 고사리를 보호하기 위해 가림막을 해놓았다. 우리는 가림막 근처에 식생하고 있는 제주고사리삼을 찾아 주변을 탐색했다. 김 박사는 숲을 헤치고 오래전에 만들어진 돌담에 들어가 낙엽이 쌓인 내부를 둘러보았다. 돌담은 물이 귀한 제주에서 식수를 얻기 위해 돌을 쌓은 연못터다. 잠시 후 김 박사가 뭔가를 발견했다.

"찾았어요."

"이 조그만 새싹이 제주고사리삼인가요?"

손아귀에 들어올 만큼 아주 작았다. 일반적인 고사리순은 꼬불꼬불한 모양을 하고 있지만 제주고사리삼은 감자 모종 크기의 식물 줄기에 초록빛 잎사귀가 네다섯 장 달려 있었다. 다섯 평 남짓한 연못터 안에서 억겁의 시간 동안 살아온 식물을 마주하니 경외감이 들었다. 새로운 행성을 발견한 천문학자의 마음이 이랬을까. 끝없이 팽창하는 우주를 이해한다는 건 힘든 일이다. 무엇보다 보이지 않는 세계를 사람들에게 이해시키는 과정이 필요하다. 최초의 발견도 중요하지만 그 발견이 우리에게 주는 의미는 무엇인지, 기존의 발견과 어떤 점이 다른지를 이해해야 한다. 그래서 모든 발견은 숙고의 시간이 필요하다. 어쩌면 한 세대가 지나야 발견의 가치가 인정될지도 모른다. 그럼에도 불구하고 인간은 늘 탐험에 나선다.

사진을 찍고 싶었지만 쉽게 셔터를 누르지 못했다. 돌이켜보면 이번 탐험을 통해 얻은 가장 큰 보물은 자연을 감상하는 방법인 듯하다. 제주에만 사는 희귀종뿐만 아니라 모든 종에는 그들만의 역사가 있다. 감히 헤아릴 수 없는 시간과 지형의 변화, 그리고 공존과 경쟁을 통해 지금 이 자리에 존재를 드러내고 있는 것이다. 우리가 대수롭지 않게 꺾고 밟는 들풀도 하나의 종인 것이다. 김 박사도 말없이 한참을 서 있었다.

연못터에서 그리 멀지 않은 곳에 동백동산습지가 있다. 이곳 역시 보존 가치가 높아 람사르 습지로 지정해 보호받고 있다. 흔히 동백동산습지로 불리지만 제주 방언으로는 '먼물깍'

이라고 부른다. 김 박사에게 어원을 물어보니 마을에서 멀리 있다는 뜻인 '먼물'과 끄트머리라는 뜻의 '깍'이 더해진 이름이란다. 먼물깍습지는 '마을에서 먼 끄트머리의 습지'인 것이다. 깍의 어원을 알고 나니 쇠소깍 같은 관광지의 의미가 새롭게 다가왔다. 쇠소깍을 제주 방언대로 해석하면 소를 의미하는 '쇠', 웅덩이를 뜻하는 '소', 바다와 민물이 만나는 끄트머리라는 뜻의 '깍'이 더해진 지명이다.

먼물깍습지는 1100고지습지와 마찬가지로 구멍이 많은 용암지대에 생긴 습지 환경이라 보존 가치가 높다. 거문오름의 폭발로 흘러내린 묽은 파호이호이 용암이 넓은 판 형태로 굳어졌고 그 위에 물이 고여 습지가 만들어졌다. 다른 습지에 비해 넓지는 않지만 한 번도 물이 마른 적이 없을 정도로 수원이 풍부해 생태계가 잘 보존되어 있다. 특히 여름 철새로 유명한 팔색조가 자주 출몰하는 지역이라 탐조하기 좋다. 팔색조라는 이름이 무척 신비로운 느낌이다. 김 박사가 말하길 여덟 가지 색을 갖고 있어 미의 극치를 상징하기도 하며 서구에서는 무지개 색깔의 선녀라고 불린단다. 흰 털이 화려해서 천적에게 잘 노출될 것 같지만 전체적인 깃털 색깔이 뛰어난 보호색을 지녔다. 조류학자와 동행한 덕분에 보이지 않는 새까지 설명을 듣는 호사를 누렸나. 잠시 후, 습지에 물을 마시러 온 팔색조가 모습을 드러냈다. 쌍안경으로 보니 안내판에 있는 모습보다 훨씬 깃털이 수려하다. 우리의 인기척을 느꼈는지 시간차를 두고 물가로 날아왔다. 반대편 바위에 몸을 숨기고 쌍안경에 집중했다.

몇 주 뒤, 조금 특별한 습지 구조를 탐험하러 다시 제주로 향했다. 서귀포 근처에 있는 하논분화구(오름)다. 오름이라고 말하기에는 분화구 내부가 너무 넓었다. 분화구를 조망할 수 있는 전망대에 서도 도무지 분화구라는 느낌이 들지 않았다. 거대한 원형경기장이라고 부르는 편이 나을 것 같았다. 안내판에 붙은 항공사진을 보고서야 분화구임을 겨우 알아차렸다. 분화구의 깊이가 무려 90미터에 이르고 동서로 1.8킬로미터, 남북으로 1.3킬로미터에 달하는 타원형 화산체로 3만~7만 6,000년 전에 만들어진 것으로 추정된다. 특이한 점은 용암 분출로 생성된 일반적인 화산 분화구와 달리 용암이나 화산재 분출 없이, 깊은 지하의 가스 또는 증기가 지각의 틈을 따라 한군데로 모여 한 번에 폭발해 만들어진 분화구다. 김 박사를 따라 분화구 내부에 있는 마을 어귀로 향했다. 분화구에 마을이 있는 지역은 울릉도 나리분지만이 아니었다.

빈 공터에 차를 주차하고 마을을 지나니 넓은 논이 펼쳐졌다. 제주는 물이 잘 빠지는 지형이라 벼농사를 할 수 없다고 들었는데 이상했다. 그러고 보니 '하논'이라는 지명은 제주 방언으로 많다는 뜻의 '하'와 논이 결합된 지명으로 '논이 많은 곳'을 뜻한다. 논 주변으로 물을 공급하는 수로와 습지가 있었다. 이곳 역시 분화구 내에서 용천수가 흘러나와 벼농사가 가능한 것이었다. 또한 지표면보다 낮게 형성된 화산체가 산체의 크기에 비해 매우 큰 화구를 만들어 넓은 경작지를 확보할 수 있었다. 앞서 둘러본 습지들이 고산습지라면 하논습지는 저지대습지평원이라고 볼 수 있다.

배수로 습지로 가는 논두렁은 땅과 화산암이 섞여 둑을 이루었다. 시골에서 자라 논두렁을 많이 걸어봤지만 화산암 논두렁은 생소했다. 배수로 주변 습지에는 백로가 많이 보였다. 분화구 옆으로 사차선 일주도로가 있지만 마치 다른 세상에 사는 동물처럼 우아한 자태로 날고 있었다. 분화구 내부의 습지 퇴적층은 분화구가 만들어진 이래 5만 년 동안의 기후 변화 기록을 타임캡슐처럼 저장하고 있어 지구온난화를 연구하는 중요한 자료다. 한때 분화구 내부에 야구장 건립을 추진하다 환경단체의 반발로 중단된 적이 있었다. 서귀포 중심에 위치한 하논분화구는 늘 개발 논리의 중심에 서 있다.

그날 저녁, 제주일중 근방의 복진아구찜에서 김 박사의 지인들과 저녁을 먹었다. 모두 제주 토박이로 제주에 대한 애성이

제주에서 드물게 논을 볼 수 있는 하논분화구

가득했다. 동석한 지인 중 김기삼 작가는 제주의 자연을 사진으로 기록하는 이다. 그는 제주 자연의 원형이 사라져가는 것을 지켜보다 사진을 배우기로 결심하고 일본으로 유학을 떠났다고 한다. 그 후 근 30년간 제주의 자연, 사람, 문화를 기록하고 있다. 대화 중 김기삼 사진작가의 말이 인상적이었다.

"평생 제주를 렌즈에 담았지만, 아직도 부족하다는 것을 느끼죠. 제주는 '전시'가 필요한 게 아니라 '기록'이 필요한 땅입니다."

김 작가는 해녀를 주인공으로 한 사진 프로젝트를 진행 중이었다. 다음 날 아침 그의 작업 과정을 지켜보고자 그를 따라 제주시 인근 해녀계를 찾았다. 비가 세차게 내리는 날이었다. 김 작가는 비에 아랑곳하지 않고 촬영을 계속했다. 해녀들의 고된 삶을 감각적으로 담아내는 사진이 아니었다. 그의 셔터는 해녀 한 명, 한 명의 얼굴을 담고 있었다. 그녀들의 인생을 기억하는 마지막 기록자처럼 보였다. 그렇다. 지금의 제주는 전시가 아닌, 기록이 필요하다.

1100고지습지

주소 제주도 서귀포시 색달동 산1-2

전화번호 064-710-4071

동백동산

주소 제주도 제주시 조천읍 선흘리 산12

전화번호 064-784-9446

관람 시간 9:00~18:00

마법의 정원,
곶자왈

선흘곶자왈

△

환상숲 곶자왈

늘 발견되고, 늘 잊히는 땅

곶자왈

곶자왈은 지구에서 제주에만 있는 숲이다. 그만큼 독특한 생태계다. 제주에서도 곶자왈이라고 부르는 지역은 넓지 않다. 여러 가지 이유로 점점 면적이 줄고 있기 때문이다. 비록 적은 면적이지만 곶자왈로 들어가는 순간, 또 다른 제주를 만날 수 있다. '곶'은 제주어로 '숲이 우거진 곳'을 말하고 '자왈'은 '나무와 덩굴 따위가 마구 엉클어져서 수풀같이 어수선하게 된 곳'이라는 의미다. 얼핏 보면 비슷한 뜻이지만 원래는 숲의 식생이나 형태에 따라 '곶'과 '자왈'이란 말을 구분해서 사용했다. 숲이 더 울창한 곳은 지명에 '곶'을 붙였고 자갈이나 돌무더기가 더 많은 곳은 '자왈'을 붙였다. 제주 조천과 함덕에 위치한 선흘곶자왈은 숲이 더 우거진 지역이라는 뜻에서 선흘곶이라고 불렸다. 언제부터 곶자왈이라는 단어를 사용했는지는 정확하게 알 수 없지만 탐라순력도나 조선시대 고지도를 보면 곶이라는 말이 등장한다. 이는 곶자왈이 아주 오래전부터 인간의 삶과 밀접한 관계를 맺고 있다는 것을 증명한다. 하지만 옛날부터 곶자왈은 돌이 많고 토양이 부족해 농사를 지을 수 없는 불모지로 여겨졌고 곶자왈에서는 농사를 짓는 대신 땔감을 얻거나 소나 말의 방목지로 사용했다. 내륙 지방에서 해발 200~400미터에 위치한 산악지대라면 산간 농업이 발달했겠지만 제주는 태생적으로 불가능했다. 화산이 만든 독특한 환경 때문이다.

제주도를 탐험하면서 가장 이해하기 어려웠던 곳이 곶자왈이었다. 독특한 식생, 전 세계에 제주밖에 없는 곳, 태고의 숲 등으로 알고는 있지만 곶자왈을 제대로 이해하는 문을 좀처럼 찾지 못했다. 언제부턴가 미디어를 통해 산책하기 좋은 숲으로 유명세를 탔지만 아직도 소수에게만 알려진 비밀스러운 숲이다. 산책하기 좋은 비자림이나 사려니숲길과 비교하면 무척 다르다. 빼곡한 삼나무나 침엽수 사이로 길이 난 이들 숲과는 달리 곶자왈은 어딘가 모르게 불안정하고 어수선하다. 제주도에 있는 곶자왈을 몇 군데 찾아보았지만 좀처럼 이해의 실마리를 찾지 못했다. 참고 문헌을 읽을수록 헷갈렸고 자료마다 내용이 조금씩 달랐다. 무엇보다 두 가지가 문제였다. 곶자왈에 대한 본격적인 연구가 시작된 것은 불과 1990년대 초반이다. 아직도 조사와 연구가 진행 중이고 기존의 연구 결과와 다른 사실이 계속 쏟아져 나온다. 또 하나는 지질, 생태, 문화에 대한 복합적인 이해가 필요하다는 것이다. 세 가지 분야 중 하나라도 놓치면 곶자왈의 원형을 들여다보기가 어려웠다.

막막함에 김완병 박사에게 도움을 요청하자 제주곶자왈 연구의 선구자인 송시태 박사를 소개시켜 주었다. 그를 만나기 위해 다시 제주를 찾았다. 송시태 박사는 2005년 사단법인 곶자왈사람들을 창립했고 곶자왈과 관련된 연구와 보존 운동을 이어온, 명실공히 곶자왈을 연구한 선구자다. 함덕중학교에서 교편을 잡다가 세화중학교 교장으로 정년퇴임을 한 후, 2022년 작고하셨다. 제주시에서 함덕으로 향하며 모처럼 바다를 만났다. 몇 달간 탐험을 하며 숲과 용암지대를 다녀서인지 쪽빛 바다가 새삼 반가웠다. 여느 때 같으면 함덕해수욕장 앞에 차를 세우고 근사한 카페에 들러 망중한을 즐겼겠지만 오늘은 내비게이션을 따라 해안도로에서 멀지 않은 곳에 있는 함덕중학교로 향했다. 근처 공터에 차를 세우고 학교로 걸어가니 학교 뒤로 한라산과 백록담이 또렷하게 모습을 드러냈다. 제주 사람들에게 어디에서 보는 한라산이 가장 멋지냐고 물어보면 모두 자신이 사는 동네에서 보는 한라산이 가장 멋지다고 말한다. 새삼 그 말이 이해가 됐다. 천만 도시 서울에서는 곳곳에 있는 마천루가 한라산의 역할을 한다. 하지만 옛날에는 사대문 어디에 서든 남산이 보였을 것이다. 남산 타워 부근의 봉수대가 서울의 한라산이었을 것이다. 사람들은 나라의 대소사를 전달하는 봉수대의 불빛을 보며 기쁨과 고통을 나누었을 것이다. 문득 '어디서든, 모두에게 보이는 자연이란 무엇일까'라는 뜬금없는 생각에 빠져든다. 호주를 떠올리면 대륙 중앙에 위치한 울루루 Uluru가 떠오른다. 호주 탐험을 함께했던 과학자는 정상이 네모난 바위산을 보며 화석 지역이 어디에 있는지 찾아냈다. GPS로 좌표를 찍고 목적지를 찾아가긴 하지만 수평선이 이어지는 길 없는 사막에서의 유일한 이정표는 바위산이다. 몽골 유목민도 같다. 마치 제주 오름을 닮은 초원의 언덕을 이정표 삼아 길을 찾는다. 내가 보기에는 다 비슷해 보이는 언덕이지만 모두 다른 이름을 갖고 있었다. 내비게이션이니 GPS니 하는 문명의 편리함보다 그들의 유전자에 각인된 풍경의 기억이 더 유효했다. 우리도 바라보는 장소나 함께 보고 있는 사람에 따라 같은 풍경도 다르게 느껴지는 것을 잘 알고 있다.

후문에 들어서니 광활한 넓이의 운동장이 눈길을 끈다. 축구장 두 개를 합친 크기의 운동장에 아이들이 재잘거리는 소리가 가득하다. 교실 창문으로 초원을 닮은 운동장과 한라산이 보이는 학교라니 내 가슴까지 시원해지는 기분이 들었다. 송 박사와 학교 1층에 있는 도서관에 앉았다.

"선생님, 운동장이 정말 광활합니다."

"놀랍죠. 이런 풍경을 지닌 학교는 또 없을 겁니다."

송시태 박사는 제주 태생의 지질학자로 어린 시절 고향인 함덕 앞바다의 사암퇴적층 위에서 노닐며 자라다가 제주의 바다를 좀 더 알고 싶어 제주대학교에서 해양지질학을 전공했다고 한다. 졸업 후 일본 유학을 결심했지만 아내의 임신으로 유학을 미루고 고향인 함덕에서 교직 생활을 시작했다. 아이들을 가르치는 것도 보람됐지만 대학원에서 공부한 해양지질학에 대한 아쉬움이 컸고 결국 스스로 방법을 찾아 나섰다. 처음에는 해양지질과 육상지질을 결합하기로 했다. 하지만 해양지질학을 하려면 장기간 배를 타야 하기 때문에 현실적인 어려움이 컸다. 교직 생활과 병행하기 적합한 연구 분야를 찾다가 고향인 제주의 자연을 떠올렸다고 한다. 그는 사면이 바다이며 물이 귀한 제주의 특성을 살려 지하수 분야를 연구하기로 결심했다. 제주도는 강수량 대비 강이나 하천이 적고 대신 지하수 함량이 풍부한 지역이다. 방향만 제대로 잡으면 새로운 연구 주제가 나올 것 같았다. 그는 지하수를 연구하며 제주 전역을 답사했다. 제주를 답사할수록 제주가 가진 지형의 특성이 궁금했다고 한다. 어느 지역은 비가 내리면 마을에 물난리가 나는 반면, 특정 지역은 비가 아무리 내려도 배수가 잘돼 물난리가 나지 않았다. 눈여겨보지 않는다면 그저 동네마다 기후가 다를 뿐이라고 여겼겠지만 그는 달랐다. 사람들이 모여 사는 해안지대는 지형이 비슷한데도 배수의 차이가 발생하는 것에 의문을 가졌고 실마리를 찾기 위해 조사하던 중에 나무와 덩굴이 복잡하게 우거져 쉽게 들어가지 못하는 숲을 발견했다.

"지금은 작든 크든 도로가 있지만 예전에는 곶자왈에 못 들어갔습니다."

숲의 보호자인 가시덩굴이 버티고 있어 곶자왈에 들어갈 수가 없었다. 당시 제주도 내 식물학자가 몇 명 없다보니 원시림의 생태 조사는 꿈도 못 꾸는 상황이었다. 생태 조사를 하더라도 한라산 정상부터 내려오는 고도별 식생에 대한 연구가 주를 이루었고 곶자왈의 존재는 거의 몰랐고 그냥 지나쳤다. 그날부터 곶자왈은 그의 연구 장소가 되었다. 연구를 하면 할수록 한 가지 이상한 점이 발견되었다. 다른 지역에 비해 유난히 가시덤불과 잘게 쪼개진 돌멩이가 많았던 것이다. 그리고 우연의 일치인지는 모르지만 이 숲 인근에 있는 마을에는 물난리가 난 지역이 없었다. 그는 "유레카!"를 외쳤다. 엄청난 양의 빗물을 지하수로 바꿔 저장해 주는 곳이 이 숲이라는 생각이 들었다.

조사를 거듭하며 쪼개진 돌멩이가 특히 용암 동굴 상부가 함몰된 지형에 많다는 사실을 알게 되었다. 쪼개진 돌 틈 사이로 빗물이 모이고 함몰지에 생긴 숨골(돌 틈)로 물이 들어간다. 곶자왈 지대가 제주도의 지하수를 저장하는 장소라는 사실은 그렇게 한 연구자를 통해 세상에 알려졌다.

전공인 지하수와 곶자왈은 연계하기 좋은 주제였기 때문에 그는 이후로도 꾸준히 연구를 지속했다. 용암 동굴이 많은 제주의 특성상 제주의 동서남북 지역의 지하수가 다르지 않을까라는 생각을 하고 확인하기 위해 연구팀을 조직했다. 우선 네 팀을 만들어 제주도의 동서남북 지역에 대기한 후 25시간 동안 지하수관정을 측정했다. 자동 센서가 없던 시절이라 지하수 수위를 측정하는 장비를 직접 만들어야 했다. 전기선에 납을 두 개 달아 건전지를 연결하고 벨이 울리는 부저를 달았다. 첫 번째 납이 지하수에 들어가고 두 번째 납이 물에 잠기는 순간 전류가 흘러 부저가 울릴 때 깊이를 재는 원리다. 네 팀은 동일한 시간에 각자의 위치에서 지하수 수위를 측정했다. 25시간을 측정한 이유는 지하수가 조석의 영향을 받는지 검증하기 위해서였다. 그는 이 방법으로 몇 달 동안 조사를 계속해 나갔다.

이 이야기를 듣고 놀라지 않을 수 없었다. 가히 알버트 아인슈타인Albert Einstein의 일반상대성이론을 검증한 영국의 천문학자 아서 스탠리 에딩턴Arthur Stanley Eddington의 실험에 견줄 것 같다는 생각이 들었다. 물리학자 아인슈타인이 일반상대성이론을 발표하자 영국 과학자 대부분은 그의 이론을 무시했다. 하지만 수학에 능했던 에딩턴은 아인슈타인의 이론에 지지를 보냈고 그가 일반상대성이론을 검증하기 위해 발표한 방법에 관심을 갖게 된다. 아인슈타인은 일반상대성이론을 검증하기 위해 수성의 근일점이 100년에 43도만큼 궤도상에서 돈다는 것, 빛이 중력장 속에서 휜다는 것, 중력장 속에서의 빛의 적색편이가 일어난다는 것을 관측해 보라고 제시했다. 영국의 왕립천문학회는 1919년에 있을 일식을 관찰하기 위해 탐험대 두 팀을 파견할 것을 제안했다. 그들은 태양의 중력장에 의해 빛이 휘는 정도를 측정하여 아인슈타인의 이론을 실험적으로 검증하고자 한 것이다. 에딩턴은 1919년 5월 29일 일식을 관측하기 위해 아프리카 근처의 프린시페 섬으로 탐험을 떠나는 팀을 이끌었다. 그는 일식이 일어나는 동안 태양 주위의 별 사진을 찍었다. 아인슈타인의 이론에 따르면 태양 근처를 지나는 광선은 태양의 중력장의 영향으로 휘기 때문에 그것을 내보내는 별들은 실제 위치보다 살짝 이동되어 보여야 했다. 태양이 가려지지 않을 때는 태양의 빛이 광선을 내놓는 별들의 빛을 불분명하게 만들기 때문에 오직 개기일식 때만 이 현상을 관측할 수 있다. 1919년 5

월 29일 에딩턴이 찍은 개기일식 사진들 중 하나가 1920년 그의 논문에 게재되었고 이는 명백히 아인슈타인의 이론에 따라 빛의 굴절을 보여 주었다. 전 세계의 신문은 이 소식을 주요 기사로 다루었다. 11월 7일에는 <타임즈>가 이 내용을 '과학의 혁명, 새로운 우주론, 뉴턴주의는 무너졌다'라는 제목으로 대서특필했고 이로 인해 과학계 내에서만 알려졌던 아인슈타인은 일약 대중적인 유명인사가 되기 시작했다. 바로 이 과학사의 중대한 이정표로 불리는 에딩턴의 실험에 견줄 만한 실험이 10여 년 전에 제주도에서 재현된 것 같았다.

맑은 날과 비가 오는 날을 비교하기 위해 날씨에 따른 조사도 이루어졌다. 각기 다른 장소에서 동시에 측정을 하니 지하수 수위와 강수량의 관계를 알 수 있었다. 특히 강수량의 영향을 받지 않는 지역을 집중적으로 연구해 보니 빗물이 잘 흡수되는 투수성 지질구조와 맞닿아 있었다고 말했다. 이는 다시 제주의 화산암으로 연결된다. 다시 숲으로 들어가 쪼개진 암석과 암석 사이를 조사하니 암석 사이에 공간이 많았다. 그래서 엄청난 폭우가 내려도 빗물이 잘 스며든 것이다. 그는 또 다시 의문을 품었다. "이 용암 바위들은 왜 쪼개졌을까?" 하지만 무거운 돌멩이를 다 파헤치고 지층 내부를 다 확인할 수도 없는 노릇이었다. 용암으로 만들어진 하천에서는 용암이 흐른 단면을 확인할 수 있지만 곶자왈에서는 확인이 불가능했다. 그는 곶자왈 내에서 암석 내부를 볼 수 있는 지형을 찾아 나섰고 일명 숨골(바위 틈 사이로 난 구멍)이라고 불리는 공극孔隙·Air Gap을 찾아냈다. 숨골에 들어가 보니 용암 동굴 천장에 함몰된 구조가 또렷이 보였고 천장이 얇았다. 또한 곳곳에 숨어 있는 숨골을 이어 보니 일련의 방향성이 보였다. 이는 용암이 흐른 방향과 일치했다. 즉, 용암 동굴 천장이 무너져서 틈이 벌어진 곳에 식물이 자라면서 틈이 더 벌어진 것이다. 그 틈 사이로 빗물이 스며들고 지하에 있는 용암 구조에 따라 물이 스며드는 시간이 달라지는 것이다.

조사를 거듭할수록 곶자왈 일대의 용암 구조가 다르다는 것을 발견했다. 기왓장처럼 차곡차곡 쌓인 용암 구조가 있는 반면 울퉁불퉁한 모양의 용암 구조가 섞여 있었다. 이는 용암의 점성에 따라 용암 구조가 달라진 것이었다. 사건이 미궁 속으로 빠진 것처럼 점점 이해하기 어려워졌다. 그는 그때 서로 다른 용암 구조를 보며 암석에게 말을 걸었다고 말했다. "너는 누구니? 왜 그 위치에 있는 거니?" 결국 각기 다른 모양의 암석들을 채집해 성분을 분석했다. 동식물에 유전자가 있듯이 암석에도 광물이라고 불리는 유전자 정보가 있다. 이 용암 바위를 뱉어 낸 마그마의 성분이 다르기 때문에 용암이 분출된 지역이 다를 것으로 추측했다. 분석을 거쳐 지형도 상에 암석의 분포를 스케

치해 보니 크게 네 군데로 나뉘었다. 제주의 4대 곶자왈로 불리는 한경-안덕 곶자왈, 조천-함덕 곶자왈, 애월 곶자왈, 구좌-성산 곶좌왈 지역이다. 이들 지역은 제주도 전체 면적의 6.1%에 해당한다.

하나둘 곶자왈에 대한 실체가 밝혀질 때쯤 그의 활동을 눈여겨본 <제민일보>에서 제주도 지질에 대한 연재를 청탁했다. 송 교사는 자신의 연구 성과를 알릴 좋은 기회라고 생각했지만 신문사 측에 새로운 제안을 했다. 곶자왈에 대해 찾아보니 새로운 식물이 많이 보였고 이는 곶자왈의 특이한 지질구조와 관계가 있으니 지질과 식물 분야를 함께 연재할 것을 요청했다. 하지만 지질학자가 곶자왈 내 식물 조사를 하는 건 한계가 있으니 식물학 조사팀을 꾸릴 것을 제안했다. 그렇게 지질학자, 식물학자, 언론인이 함께한 최초의 곶자왈 탐사보도팀이 꾸려졌다. 그 뒤 곶자왈의 식물을 처음 접한 식물학자들은 모두 탄성을 질렀다. 희귀종과 멸종위기종이 곶자왈 안에서 고립된 진화를 만들어 가고 있었다. 그렇게 <제민일보>를 통해 곶자왈의 중요성이 세상에 알려졌다. 곶자왈에 대한 생물·지리적인 중요성이 확인된 만큼 보존에 대한 문제가 커지자 그는 다시 한 번 고민을 했다. 그간 지역과 환경에 따라 곶, 자왈, 곶자왈로 불리는 명칭을 곶자왈로 명명하는 연구를 시작한 것이다. 그 지역이 가진 중요성이 커진 만큼 통일된 용어로 정의해 보존과 연구를 진행하는 것이 바람직하다고 여겼다. 그렇게 곶자왈은 억겁의 시간을 견디며 재발견되었다. 두 시간 남짓한 그와의 대화가 곶자왈에 대한 막막함을 조금은 덜어 주었다. 해가 뉘엿뉘엿 넘어갈 때지만 운동장에는 여전히 아이들의 모습이 보였다. 이제 마법의 정원 곶자왈로 들어갈 시간이다.

숨 쉬는 땅

선흘곶자왈

학교에서 나와 제주의 대표적인 곶자왈 지대인 선흘곶자왈로 향했다. 제주 시내에서 30분 거리에 있는 선흘곶자왈은 거문오름 분출로 형성된 용암지대 위에 만들어진 숲이다. 김완병 박사와 먼물깍습지를 탐사했을 때 한 번 들린 적이 있었다. 곶자왈뿐만 아니라 습지를 다시 보고 싶어 선흘곶자왈을 선택했다. 제주 사람들은 곶자왈에 대해 어떤 생각을 하는지 궁금해 일부러 택시를 탔다. 가벼운 대화로 택시 기사님과 인사를 나눴다. 다행히 기사분이 나이가 지긋한 제주 토박이여서 금방 대화가 무르익었다. 제주도 경제부터 제주 사람들이 가장 좋아하는 장소는 어딘지 시내를 벗어나기도 전에 질문이 오갔다. 시내를 벗어날 때쯤 선흘곶자왈에 가는 이유를 설명하니 기사분이 웃으며 자신이 지질공원해설사 교육을 받았다고 대답했다. 그는 예전처럼 관광 택시가 호황이 아니라 경쟁력을 높이기 위해 지질해설사 교육을 받았다고 말했다. 좁은 국도를 지나며 제주도에 강과 호수가 없는 이유를 설명했고 유년 시절에 비해 많이 변한 제주의 옛 모습을 이야기해 주었다.

제주시에서 자란 그는 용두암을 가장 좋아한다고 했다. 유년기에는 용두암 근처가 놀이터이자 바다에 나간 아버지를 기다리던 장소였다고 한다. 택시를 시작하고부터는 손님들을 태우고 쉴 새 없이 용두암을 들락거렸다. 하지만 용두암은 더 이상 인기 있는 관광지가 아니다. 언제부턴가 용두암은 젊은 여행객의 관심을 끌지 못했다. 그저 단체 여행객이 시간을 때우러 들리는 그저 그런 장소가 되었다. 그는 해안도로마다 빼곡히 들어선 건물이 자연을 가렸기 때문이라고 말했다. 인공 불빛은 용두암의 웅장한 자태를 빼앗았고 도심의 불빛에 지친 여행객들은 자연으로 시선을 돌렸다. 그럼에도 그는 여전히 용두암을 좋아한단다. 예전 모습을 기대할 수는 없지만 추억을 간직한 공간이기 때문이다. 앞으로도 계속 개발되겠지만 수십만 년 전부터 지금까지 자리를 지키고 있는 용두암을 사랑한다고 했다.

그의 이야기에서 자연을 인식하는 새로운 관점이 느껴졌다. 사람들은 옛 풍경을 추억한다. 풍경의 중심에는 태어난 집, 학교, 거리 같은 공간이 존재한다. 하지만 공간을 짓기 위해 사라진 자연의 원형을 기억하는 사람들은 드물다. 육지의 해안가는 간척 사업이 가능해 해안선 자체가 바뀌는 경우가 허다하지만 제주는 다르다. 해안가 대부분이 용암지대이기 때문에 간척이 어렵다. 개발업자가 보기에는 쓸모없는 땅이지만 제주 사람들에게는 변하지 않은 자연의 원형인 셈이다. 그도 난개발을 우려했다. 지금처럼 소비 중심의 개발을 계속하면 사람들이 더 이상 제주를 찾을 이유가 없다며 걱정했다. 짧은 대화였지만 환경보존에 대한 제주인의 애정과 관심을 엿볼 수 있었다.

국도 양옆으로 난 숲길을 지나 선흘곶자왈에 도착했다. 넓은 주차장 옆으로 단층으로 지어진 동산습지센터가 보였다. 맞은편에 곶자왈을 소개하는 안내판이 있어 가까이 가서 보았다. 제주를 탐험하면서 일부러라도 안내판을 꼼꼼히 읽기 시작했다. 특히 지질공원 안내판은 보일 때마다 카메라로 찍었다. 안내판은 여행객이 지질공원을 접하는 첫 번째 얼굴이다. 즉, 안내판이 지질공원의 인상을 결정하는 것이다. 대부분의 지질공원 안내판은 탐방로 지도와 해당 지역의 과학적 가치를 설명한다. 최근 들어 안내판에도 변화가 시작되었다. 이해하기 어려운 전문용어 대신 그림으로 표현해 탐방객의 이해를 돕는다.

곶자왈에 오기 전 화산학자인 전용문 박사에게 곶자왈의 정의에 대해 물어보았다. 2007년 제주특별자치도가 만든 곶자왈 보전 조례안에 따르면 곶자왈은 "화산이 분출할 때 점성이 높은 용암이 크고 작은 바위 덩어리로 쪼개져 요철 지형으로 만들어진 지대에 형성된 숲을 말한다"로 정의한다. 여기서 말하는 점성이 높은 용암은 아아 용암을 의미한다. 하지만 2011년 새로 개정된 조례안을 보면 "용암의 암괴들이 불규칙하게 얽혀 있고 다양한 동식물이 공존하며 독특한 생태계가 유지되고 있는 보존 가치가 높은 지역"으로 수정했다. 곶자왈 지질조사에 참여한 전 박사의 이야기에 따르면 곶자왈 지역에 나타나는 용암 구조는 용암이 흐르며 굳은 표면이 밧줄 모양으로 주름져 생긴 밧줄 구조가 발달한 전형적인 파호이호이 용암에 의해 형성되었다고 한다. 더불어 곶자왈 지역이 물이 잘 빠진다는 기존 설명과 달리 파호이호이 용암류가 분포한 곶자왈 지역은 곳곳에 습지가 발달해 곶자왈 지역이 반드시 투수도가 높다는 등식이 성립하지 않고 하부에 어떤 지층이 존재하는가에 따라 투수도가 달라진다고 했다. 이런 내용을 종합하면 지질학적으로 곶자왈은 용암 분출뿐만 아니라 이차적인 풍화 과정을 통해 생길 수 있는 지형으로 보는 것이 타당하다.

잠시 후 미리 예약해 둔 해설 프로그램에 참여했다. 해설사 이항아 씨의 인솔 아래 아이 두 명이 있는 가족과 함께 답사를 시작했다. 햇빛이 좋은 숲 밖과 달리 숲은 어두컴컴했다. 담벙로 주변으로 어지럽게 얽혀 있는 식물과 검은색 암석들을 보니 으스스한 기분마저 들었다. 그때 해설사가 말을 건넸다.

"선흘이라는 지명은 착한 기운이 흐르는 동네라는 뜻이에요."

그의 말을 듣는 순간 으스스함이 따뜻함으로 바뀌었다. 아이를 동반한 젊은 부부도 안심하는 눈치다. 으스스함의 정체는 그저 숲 밖과 안의 경계에 불과했다. 몇 해 전 인천에 있는 국립생물자원관 내에 있는 곶자왈생태관을 방문했을 때는 그저 식생이 독특하고 아름다운 숲이라고만 생각했다. 하지만 실제로 곶자왈을 마주하니 사방에서 원시림의 기운이 느껴진다. 아직까지는 다른 숲과 차이점을 별로 느끼지 못했다. 잠시 후 그가 탐방로 왼쪽으로 난 길로 우리를 안내했다. 멀찌감치 '도틀굴'이란 안내판이 있고 옆으로 철망으로 막아 놓은 동굴 입구가 보였다. 안내판을 읽어 보니 흔한 용암 동굴이 아니었다. 4.3사건의 슬픈 역사를 간직한 현장이다.

도틀굴은 4.3사건 당시 마을 주민들의 은신처로 사용된 장소다. 남자들은 도틀굴에, 부녀자와 아이들은 목시물굴에 숨었다. 주민들은 불을 피워도 연기가 나지 않는 붓순나무를 이용해 동굴 안에서 밥을 지어 먹으며 몸을 숨겼지만 1948년 11월 25일 도틀굴에 피신해 있던 한 주민이 반못에 물을 길러 나갔다가 수색대에 발각되고 말았다. 고문을 이기지 못한 주민은 도틀굴의 위치를 실토했고 도틀굴에 있던 주민 스물다섯 명은 현장에서 총살되거나 모진 고문을 당했다. 결국 목시물굴의 위치도 들켜 버렸고 11월 26일 아침 150명 중 부녀자와 어린아이를 포함한 40여 명이 희생되었다. 금방 끝날 것이라 생각했던 비극은 7년 7개월간이나 이어졌다. 4.3사건은 6.25전쟁 다음으로 많은 민간인 사상자를 낸 비극적인 사건이자 아직도 아물지 않은 상처다. 도틀굴은 화산활동으로 생긴 용암 동굴이기 전에 슬픈 역사를 간직한 현장이다. 수백 번도 넘게 했을 설명이지만 해설사의 목소리에서 미약한 떨림이 느껴졌다. 사실 육지 사람들은 4.3사건에 대해 잘 알지 못한다. 그저 몇 편의 독립 영화에 등장한 사건 정도로 인식한다. 자연의 원형을 보겠다고 찾은 숲에서 아직 끝나지 않은 역사를 마주하고 희생자들을 생각하며 묵념을 했다. 곶자왈은 단순한 생태탐방로가 아닌 제주의 근현대사를 이해하는 역사 교육의 현장이기도 한 것이다.

도틀굴을 나와 탐방로로 돌아왔다. 슬픈 역사의 내막을 들어서일까. 숲에서 어떤 슬픔이 느껴진다. 단풍철인 10월 중순임에도 불구하고 숲이 푸르다. 해설사의 설명에 따르면 곶자왈은 연중 우거진 숲을 이룬다고 한다. 추운 겨울에도 따듯한 기온과 수분이 유지되기 때문이다. 바로 숨골(또는 궁극)이라고 불리는 함몰 지형 덕분이다. 숨골은 용암 동굴이 함몰되면서 바위와 바위 사이에 생긴 틈이다. 이 크고 작은 바위틈이 곶자왈의 이루는 심장 역할을 한다. 아무리 비가 많이 내려도 숨골로 물이 유입되어 지하수로 저장된다. 빗물의 80%를 저장하는 숨골은 수분을 함양하고 지열을 보존한다. 그래서 곶자왈은 연중 16~18도의 온도를 유지하며 겨울에도 온대식물이 자라고 여름에도 한대식물이 자란다. 숨골 덕분에 곶자왈은 세계에서 유일하게 열대 북방한계 식물과 한대 남방한계 식물이 공존하는 숲이 되었다.

식물의 분포 관점에서 보면 곶자왈은 작은 한라산이다. 해발고도는 낮지만 고지대 식물이 자란다. 숲으로 들어갈수록 가시덤불과 가늘고 긴 나무들이 하늘 높이 솟아 있다. 이런 숲 형태를 맹아림萌芽林·Coppice Forest이라고 부른다. 1970년대까지만 해도 곶자왈에는 키가 큰 나무가 없었다. 숯을 구워 생계를 유지하던 주민들이 곶자왈에 자생하던 나무들을 숯감과 땔감으로 벌채했기 때문이다. 당시 숯가마터로 쓰인 흔적이 아직 탐방로 곳곳에 남아 있다. 오래전에는 일주일씩 숲에 머물며 숯을 구웠지만 나무가 줄어들면서 일회용 숯가마로 변하고 말았단다. 그 후로 숲을 복원시키려는 노력에 의해 벌채된 나무에서 돋아난 줄기로 이차림二次林·Secondary Forest이 만들어졌다. 이차림은 인간의 손길이나 자연재해로 인해 파괴되었다가 다시 복원된 숲을 말한다. 다시 해설을 듣고 보니 나무 밑동에서 가지가 여러 갈래로 뻗은 이차림의 특징이 눈에 띄었다. 맹아림 주변에 바람으로 쓰러진 나무뿌리가 모습을 드러냈다. 특이한 점은 나무뿌리가 널빤지처럼 옆으로 뻗어 있고 뿌리가 나무줄기만큼 굵다는 것이다. 뿌리가 뽑힌 자리에 흙이 없었다.

"이런 뿌리를 판근板根·Buttress Root이라고 해요. 나무가 흙 대신 돌에 뿌리를 뻗고 살아갑니다. 제주어로 돌은 낭(나무)에 의지하고 낭은 돌에 의지한다고 해요."

흙이 없는 곶자왈에 사는 나무들은 바위를 의지해서 살아간다. 토양 대신 바위에 뿌리를 내리기 위해 뿌리가 널빤지 모양으로 변형되었다. 마치 인간의 팔근육을 닮은 널빤지 모양의 뿌리는 두께가 5센티미터나 된다. 사람이 근육을 키우는 것과 같은 원리다. 척박한 땅에 사는 나무들의 생존 비법이다. 하지만 그 비법이 영원할 수는 없다. 바위는 조금씩 풍화되고 있고 언젠가는 흙으로 변한다. 그때는 바위를 의지하는 나무들도 뿌리 근육을 키울 필요 없이 영양분 많은 흙으로 편하게 뿌리 내릴 날이 올 것이다.

먼물깍습지에 이를 무렵 돌무더기가 쌓인 언덕이 보인다. 탐방로를 지나오면서 간간히 작은 돌무더기가 보여 대수롭지 않게 여겼는데 안내판을 보니 동백동산에서 가장 높은 상돌언덕이다. 언덕 아래 잠시 멈춰 설명을 들었다. 용암 동굴에 먼저 흘러내린 현무암질 용암이 굳은 뒤 계속 용암이 밀려오면 내부의 압력이 커진다. 커진 내부 압력은 용암의 표면으로 치고 올라가면서 동근 돔 형태의 완만한 지형을 만든다. 이때 얇고 부서지기 쉬운 용암류의 표면은 부풀어 오른 중심부에 의해 마치 빵 껍질처럼 불규칙하게 깨져 버린다. 이를 화산학 용어로 압력돔Tumulus이라 부른다. 생텍쥐페리의 《어린 왕자》에 나온 코끼리를 삼킨 보아뱀의 이야기가 떠올랐다. 넘쳐나는 용암을 견디지 못하고 부풀어 버린 압력 돔이 꼭 보아뱀을 닮았다. 나중에 자료를 찾다보니 비양도나 오름을 코끼리를 삼킨 보아뱀에 비유하는 글이 많았다. 사람의 상상력은 비슷한 것 같다.

생성 당시에는 큰 바위였던 상돌언덕에 나무들이 자라면서 바위틈으로 뿌리가 뻗어 가고 풍화작용을 거치며 주변에 떨어져나간 바위들이 쌓인 형상이 되었다. 상돌언덕 바위 위로 종가시나무, 조록나무, 생달나무, 감탕나무, 천선과나무 등이 어우러져 멋진 분위기를 만들고 가는쇠고사리를 비롯하여 50여 종의 다양한 양치식물들이 자라고 있다. 상돌언덕 가운데로 돌계단이 나 있다. 과거에 상돌언덕은 동백동산에 나무를 벌채하러 온 외지인을 감시하는 초소로 사용되었단다. 이곳에 오르면 심

지어 10킬로미터 이상 떨어진 함덕 앞바다까지 보였다. 계단을 따라 정상부에 오르니 제법 주변 풍경이 시야에 들어왔다. 지금은 언덕 주변이 온통 나무와 넝쿨로 숲을 이루지만 한때는 학생들의 소풍 장소로 쓰일 만큼 넓은 광장 지대였다. 이제 조금만 걸어가면 먼물깍습지가 나온다. 우리는 잠시 가던 길을 멈추고 눈을 감고 자연의 소리에 집중했다. 사방에서 새소리가 들렸다. 소풍 나온 학생들의 웃음소리, 상돌언덕에 앉아 담소를 나누는

선흘리 사람들의 목소리도 느껴졌다.

곶자왈 탐방을 마치고 동백동산습지센터로 향했다. 센터에 도착하자 멀리서 누군가 인사를 했다. 숨은물뱅뒤습지 탐사 때 동행한 이성권 국장이다. 그가 몸담고 있는 제주생태관광협회 사무실이 바로 옆이었다. 잠시 차를 마시며 대화를 나누었다. 그는 제주대에서 역사를 전공했지만 제주의 식물에 매료돼 자연 생태를 공부했다고 한다. 마침 동백동산에 사는 나무에 대한 책을 썼다며 한 권을 선물로 줬다. 숙소로 돌아오며 오전에 눈여겨봤던 나무에 대한 글을 읽었다. 그는 사진과 문장으로 제주의 나무와 대화를 나누고 있었다.

버려진 땅,
기회의 땅

한 달 만에 대동호텔을 찾았다. 늘 묵던 303호 객실이 없어 505호에 묵었다. 어젯밤 건조하고 청명한 가을 날씨 덕분에 선명한 별을 보았다. 호텔 본관과 별관 사이를 연결하는 다리는 멋진 천문대 역할을 한다. 나는 이 다리를 구름다리천문대라고 부른다. 두 건물 사이에 있어 시야는 넓지 않지만 오리온자리와 시리우스를 보기에 부족함이 없다. 호텔 주변은 여느 도심지와 달리 열 시면 고요해지고 상점 불빛도 거의 보이지 않는다. 따뜻한 커피 한 잔을 들고 30여 분 정도 하늘을 바라보면 천구의 움직임이 온몸으로 느껴진다. 관측을 마치고 조용한 객실 복도를 오르내리며 사진을 구경했다. 처음 둘러본 5층 복도에는 한라산 풍경을 담은 사진이 걸려 있다. 1층 복도에는 저지대의 오름 사진이, 5층에는 한라산 사진이 걸린 모습이 마치 한라산을 등반하며 주위의 풍경을 감상하는 기분이다. 다음 날 아침, 커피를 마시러 내려가다 로비에 있는 박은희 대표 동생을 만났다. 마침 그가 호텔 인근 상인들과 차를 마시며 담소를 나누고 있었다. 서로 인사를 나누던 중 신문에 연재 중인 제주도 탐험 기사를 본 카페 주인이 커피를 대접했다. 그들도 제주에 살고 있지만 가지 못한 곳이 많다고 했다. 잠시 후 로비로 들어오는 한 노신사의 모습이 보였다. 호텔 창업주인 박용철 선생이다. 처음 대동호텔에 묵었을 때 박은희 대표가 오름 나그네를 쓴 김종철 선생과 부친이 함께 활동했다는 말이 생각났다.

"선생님,《오름나그네》를 쓴 김종철 선생님을 아시나요?"

"김종철 선생과 함께 한라산과 오름을 수도 없이 올랐어요."

그는 로비 옆 살롱에 있는 오래된 흑백사진을 보며 기억을 더듬었다. 1970년 대 초반 함께 동계산악 훈련을 하며 찍은 사진이라고 말했다. 40년이 훌쩍 넘은 사진 속 그는 젊고 강건해 보였다. 아쉽게도 김종철 선생의 모습은 없었지만 사진 속에는 국내 최초로 에베레스트 등정에 참여한 산악대원이 두 명이나 있었다. 1990년대 초반까지만 해도 사진 속 인물들이 대동호텔을 내 집 드나들 듯 오가며 한라산과 제주도를 탐미했을 것이다. 이른 아침이지만 사진 속 탐험가와 나눈 대화가 가슴을 뜨겁게 달궜다.

박용철 선생을 보며 비슷한 인물이 떠올랐다. 몽골 공룡탐사에서 만난 전 몽골고생물학센터장 리첸 바스볼드 박사다. 해마다 8월이면 내로라하는 공룡학자들이 울란바토르 시내에 위치한 드림호텔로 모인다. 4성급 호텔이지만 70년대 허름한 여관을 연상시키는 그곳은 전 세계 공룡학자들에게는 성지 같은 곳이다. 몽골고생물학센터 바로 옆에 위치해 공룡학자들의 베이스캠프 역할을 해주기 때문이다. 바스볼드 박사는 1950년대 초반 러시아와 함께 대규모 공룡 탐사를 주도했던 공룡학자다. 팔순이 넘은 나이에도 빠지지 않고 공룡 탐사에 참가한다. 젊은 공룡학자들은 그와의 만남을 영광으로 여겼고 그는 그들에게 노하우를 전수하며 탐험을 도왔다. 여전히 탐험가로서의 기백이 느껴지는 그의 모습이 멋져 보였다. 시간과 공간은 다르지만 두 공간을 관통하는 묘한 기운이 느껴졌다. 짧은 순간 몽골의 드림 호텔에 다녀온 기분이 들었다. 한껏 들뜬 기분 때문에 오늘 탐험에 대한 기대감이 가득하다.

제주의 허파 역할을 하는 곶자왈도 여느 제주의 자연과 마찬가지로 훼손이 심각하다. 특히 제주는 내륙의 어느 지역보다 보존과 개발에 대한 논쟁이 크다. 이미 많은 면적의 곶자왈 지대가 골프장, 택지 개발 사업으로 훼손되었다. 하지만 2000년대 초반부터 곶자왈의 가치가 부각되면서 단순 개발이 아닌 새로운 대안을 모색하는 사람들이 늘어나고 있다. 여전히 개발 논리가 앞서지만 곶자왈의 원형을 보존하며 새로운 부가 가치를 만들어 내는 사람들의 이야기를 들어 보고 싶었다. 자료를 찾던 중에 환상숲 곶자왈이 눈에 띄었다. 제주 서쪽에 위치한 한경-안덕 곶자왈 지대에 속하는 개인 사유지를 생태 공원으로 만든 곳이다. 한경-안덕 곶자왈 지대는 제주에서 가장 큰 면적의 곶자왈 지대다. 하지만 상대적으로 관광명소와 박물관이 많아 곶자왈 지대란 인식이 확산되지 못했다. 이미지와 지도를 보니 유명한 오설록 티 뮤지엄 근처다. 나 또한 오설록 티 뮤지엄은 몇 번 방문했지만 근처에 곶자왈 생태 공원이 있는 줄은 몰랐다.

한라산 중산간에 있는 오름을 보기 위해 해안도로 대신 평화로를 탔다. 가을 문턱의 오름은 황금빛 억새가 가득 펼쳐져 아름다운 색으로 물들어 있다. 오름을 보고 난 후 30여 분을 달려 장엄한 산방산이 내려다보이는 동광 1교차로를 빠져나오자 오설록 티 뮤지엄으로 향하는 차들이 인산인해를 이루었다. 박물관을 끼고 한적한 숲 도로를 따라가니 우측으로 환상숲 곶자왈이 보인다. 사전 정보를 보니 매 시간마다 단 한 명이 방문해도 숲 해설 프로그램을 진행한다고 해서 따로 예약을 하지 않았다. 열한 시 숲 해설을 듣기 위해 잠시 주변을 산책했다. 동백동산을 다녀와서 그런지 한눈에 주변 숲과 곶자왈 지대를 구분할 수 있었다. 가정집을 개조한 매표소 앞에는 숲에서 진행하는 교육 프로그램을 안내하고 있다.

숲 입구에 드러나는 용암지대 틈 사이로 물이 흘렀다. 곶자왈이 머금고 있는 지하수를 처음으로 마주했다. 숲 입구에는 열한 시 숲 해설을 기다리는 여행자들이 모여 있었다. 사설 생태 공원이지만 인공적인 느낌이 들지 않았다. 잠시 후 해설사와 함께 50여 분 정도 숲길을 걸었다. 곶자왈은 올 때마다 느낌이 다르다. 아마 숲이 담고 있고 있는 오랜 시간과 이야기 때문일지도 모르겠다. 이곳에도 이야기가 있었다. 15분 정도 생태 설명을 들으며 걸어가니 나무의자가 놓인 공터가 나왔다. 이곳을 '갈등의 길'이라고 부른단다. 칡넝쿨이 곶자왈에서 흔히 보이는 상동나무를 꽈배기처럼 감싸고 있었다. 오른쪽 방향으로 줄기를 감고 올라가는 칡넝쿨과 왼쪽으로 줄기를 감고 올라가는 등나무의 모습이 마치 사람 사이의 갈등 관계와 비슷해 보여 붙여진 이름이다. 두 줄기는 서로 마주 보지 않고 반대 방향으로 줄기를 감다가 결국 죽어 버린다. 하지만 줄기가 섞여서 만들어진 부엽토는 또 다른 식물의 영양분 역할을 한다. 결국 곶자왈은 저마다의 갈등을 해소하는 해우소 역할을 하는 것이나. 환상숲

곶자왈은 곳곳에 이야기가 숨어 있었다. 마을에 사는 해설사의 유년 시절 기억부터 영화 아바타에 나오는 숲 풍경과 비슷하다고 붙여진 아바타 길까지 혼돈스러운 풍경 속에서 이야기가 끊임없이 진화하고 있었다. 특히 동백동산에서 보지 못한 곶자왈 지대의 내부 구조를 들여다볼 수 있는 지질관측소가 인상적이었다.

돌로 난 계단을 따라 깊이 5미터는 족히 되는 땅속으로 내려가면 곶자왈 지대의 내부 구조가 고스란히 드러난다. 그간 수없이 봤던 육지의 퇴적층과 다른, 기왓장을 겹겹이 쌓아 놓은 모습을 보니 왜 빗물이 잘 스며드는지 단번에 이해가 되었다. 용암으로 만든 기왓장 틈에서 배출되는 서늘한 공기가 온몸을 휘감았다.

숲을 빠져나오니 따스한 햇살이 얼굴을 비춘다. 환상숲 곶자왈처럼 곶자왈을 보존하며 부가 가치를 만들어 내는 사례도 있지만 이런저런 대안은 훼손되는 속도를 따라가지 못한다. 곶자왈 지대는 골프장 개발과 관광지 개발 등 대규모 개발로 인해 가장 많이 훼손되며 도로 개발과 채석장, 공장 건설 등 산업용 개발도 곶자왈 원형을 변화시킨다. 곶자왈 내 관광시설 등으로 이용되는 면적은 전체 곶자왈 면적 중 31.9%를 차지하고 있다. 이처럼 곶자왈은 해를 거듭할수록 사라지고 있다. 곶자왈이 사라진다는 것은 곶자왈을 터전으로 살아가는 다양한 동식물도 사라진다는 것을 의미한다. 또한 제주의 생명수인 지하수도 고갈되고 있으며 점점 오염되고 있다. 송시태 선생이 상임대표로 있는 곶자왈사람들에서는 곶자왈 보존의 일환으로 곶자왈 국민신탁운동을 펼치고 있다. 국민신탁운동은 시민의 힘으로 기금을 마련해 곶자왈을 매입하고 영구보존하는 시민운동이다. 곶자왈은 반드시 보존해서 미래 세대에게 물려줘야 하는 우리 모두의 자연유산이다.

김완병 박사가 했던 이야기가 기억난다. 그는 하늘에서 제주를 보면 왜 곶자왈을 보존해야 하는지 알 수 있다고 말했다. 비행기를 타고 제주의 중산간을 보면 수많은 골프장이 보인다. 달리 말하면 골프장의 크기만큼 곶자왈이 사라지고 있는 것이다. 또 하나, 하늘에서 보면 산림녹화로 조성된 숲과 곶자왈 지대가 확연히 구분된다. 누가 보아도 곶자왈 지대는 어떤 숲이냐고 물어볼 것이다.

몇 주 후 제주민속자연사박물관에서 열린 곶자왈 전문가 워크숍 뒤풀이 자리에 참석할 기회가 있었다. 제주도 내의 곶자왈 전문가와 제주도청 관계자들이 모여 곶자왈 보존에 대해 저마다의 생각을 논했다. 누구보다 치열하게 곶자왈 보존을 위해 노력하는 모습이 인상적이었다. 흡사 독일 출신의 위대한 자연학자이자 탐험가인 훔볼트Karl Wilhelm Von Humboldt의 정신을 잇는 후예를 보는 것 같았다. 19세기 최고의 과학탐험가로 불리는 그는 현대 생태학의 창시자로 불린다. 훔볼트의 탐험은 기존의 탐험가들과 완전히 달랐다. 미지의 대륙을 찾는데서 그치지 않고 과학적 발견과 연구에 일생을 바쳤다. 그의 대표적인 성과는 5년간 진행한 남아메리카 탐험이다. 에베레스트가 발견되기 전까지 세계 최고봉으로 불린 침보라소 산Chimborazo Mt.에 올라 과학적 조사를 한 것도 그가 최초다. 오늘날까지 그의 업적을 기리기 위해 남아메리카 여러 곳의 강, 산, 해류, 식물에 그의 이름을 붙였다. 심지어 달에도 훔볼트 바다가 있을 정도다. 그의 남아메리카 탐험에 영향을 받은 찰스 다윈Charles Darwin은 훔볼트가 없었다면《종의 기원》을 쓸 수 없었을 것이라고 말했다. 또한 독일의 문호 괴테Johann Wolfgang von Goethe는 "훔볼트와 하루를 보내며 깨달은 것이 나 혼자 몇 년 동안 깨달은 것보다 훨씬 더 많다"고 말했다. 그의 업적은 단순한 발견을 넘어 시대의 과학자와 사상가에게도 지대한 영향을 끼친 것이다. 그들은 이 대단한 훔볼트에 견줄 수 있을 만큼 자연에 대한 호기심과 애정이 남달랐다. 문득 누군가 내게 지금 살고 있는 지역에 대해 물어본다면 나는 뭐라고 말할 수 있을까. 지하철역이 가까워서 교통이 편리하다는 대답 외에 어떤 말을 할 수 있을까.

함덕해수욕장

주소　제주도 제주시 조천읍 함덕리 1008

전화번호　064-728-3989

동백동산(선흘곶자왈)

주소　제주도 제주시 조천읍 선흘리 산12

전화번호　064-784-9446

탐방 시간　9:00~18:00

입장료　무료

동백동산습지센터

주소　제주도 제주시 조천읍 동백로 77

전화번호　064-784-9445

탐방 시간　9:00~16:00

홈페이지　ramsar.co.kr

환상숲 곶자왈 공원

주소 제주도 제주시 한경면 녹차분재로 594-1

전화번호 064-772-2488

탐방 시간 9:00~18:00(정시마다 숲 해설)

휴무 일요일

입장료 5,000원

홈페이지 www.jejupark.co.kr

국립생물자원관

주소 인천시 서구 환경로 42

전화번호 032-590-7000

관람 시간 9:00~17:30, 11월~2월 9:30~17:00

휴무 월요일, 1월 1일, 설날 및 추석 당일과 전날

홈페이지 www.nibr.go.kr

제주4.3평화공원

주소 제주도 제주시 명림로 430

전화번호 064-723-4344

홈페이지 jejupark43.1941.co.kr

육각형 용암 기둥의 비밀

중문대포해변 주상절리

△

산방산

▽

용머리해안

△

갯깍주상절리

▽

월평동굴

용암이 만든 오르간,
주상절리

"제주종합경기장 시계탑에서 뵙겠습니다."

전용문 박사에게 연락을 받고 다시 제주를 찾았다. 제주에서 활동 중인 관광통역사 분들과 함께 제주 서쪽의 주요 지질공원을 답사하기로 했다. 오전에는 수월봉을 답사하고 오후에는 산방산 일대와 중문대포해안 주상절리를 답사할 계획이다. 이른 아침 제주에 도착해 공항에서 멀지 않은 제주종합경기장으로 향했다. 지질공원해설사도 있지만 관광통역사는 제주를 찾는 외국인 여행자들에게 제주의 자연을 소개하는 첫 번째 사람이다. 답사에 참여하기 위해 모인 분들의 해설 언어를 물어 보니 영어, 중국어, 일어, 베트남어, 인도네시아어까지 다양했다. 한류 영향으로 중국, 일본 여행객이 많다는 건 알았지만 인도네시아나 베트남 여행자까지 있는 줄은 상상도 못했다. 관광통역사 분들은 1년에 두 번 정도 전문가의 설명을 듣는 프로그램을 진행한다. 일과 관련된 답사이기 때문에 지원자가 많지만 연구 결과에 따라 변하는 과학적 사실을 알고 싶어 하는 마음이 앞서 보였다. 45인승 버스에 참석자가 모이자 버스가 수월봉을 향해 떠났다. 수월봉으로 향하는 버스 안에서 전 박사는 짧은 강연을 이어갔다. 포항 지진 여파 때문인지 지진에 대한 질문도 오갔다.

"육지에 지진이 나면 제주도 화산에 영향을 주진 않나요?"

"누구도 예측할 수는 없습니다. 한 가지 확실한 건 화산이 분출하면 택배가 안 옵니다."

전 박사의 말에 모두 한바탕 웃었다. 동질감의 웃음이다. 지금도 기상 상태에 따라 육지에서 오는 택배가 지연되는 경우가 허다하다. 생필품을 배나 비행기로 운반해야 하는 섬의 특수성을 생각하니 섬사람들에게는 민감한 사안이다.

수월봉으로 향하며 제주의 자연이 갖고 있는 차별성에 대해서도 설명을 이어갔다. 제주의 주요 관광지는 남쪽에 있는 중문과 서귀포 일대에 집중되어 있다. 호텔과 편의 시설이 잘 구축된 것도 이유지만 40만 년 전 일어난 단층 때문이라고 설명했다. 단층 때문에 생긴 솟은 지형으로 해안 절벽이 생겼고 용천수와 만나는 지점에는 물이 흘러 폭포가 만들어졌다. 정방폭포와 천제연폭포가 대표적인 사례이다. 그러고 보니 제주시가 있는 동쪽에서는 폭포나 해안 절벽을 보지 못했다. 또 하나 제주에 논농사가 어려운 이유를 설명했다. 화산암으로 이루어진 토양 때문이라고 속으로 생각했다. 그의 설명은 명쾌했다. 아직 화산암이 풍화가 덜 되었기 때문이란다. 벼농사가 가능한 진흙 같은 토양은 모래보다 더 풍화된 상태다. 육지의 경우 암석에서 토양으로 풍화될 만큼 시간이 충분하지만 제주는 진흙으로 풍화되기까지 시간이 부족했다. 시간이 흐르면 제주에서도 논농사가 가능하다고 말했다. 나도 짬을 내 질문을 했다. 만장굴에 대한 신문 기사를 쓰며 궁금했던 용천동굴의 형성 과정에 대해 물었다. 제주도 해안 군데군데 위치한 흰모래 해변은 어떻게 만들어졌는지 궁금했다. 우리가 자주 찾는 협재, 함덕, 월정리에 있는 해수욕장의 흰모래는 제주도에서 만들어진 게 아니라고 했다. 흰모래 성분의 90%는 조개껍질이나 해양생물의 골격 성분이다. 중국의 양쯔강, 황허강을 통해 흘러나온 해양퇴적물이 태풍 때 밀려와 제주도 해안에 쌓인 셈이다. 그렇다면 왜 특정 해변에만 흰모래가 존재할까. 원인은 해류 때문이다. 주변 지형에 따라 해류가 바뀌면서 특정 지역에만 흰모래 해변이 만들어졌다. 전 박사가 제주의 과거와 현재 모습을 비교한 자료를 보여 주며 이야기를 이어갔다. 서귀포에 있는 황우치해변은 모래가 많은 해변으로 유명했다. 하지만 15년 전 화순항에 길이

1킬로미터의 방파제를 만들면서 조류의 흐름이 바뀌어 모래가 유실되었고, 최근에는 묻혀 있던 암반까지 드러난 상황이다. 영어로 관광 통역을 한다는 통역사가 또 다른 질문을 했다. 여행객들로부터 제주도는 화산섬인데 왜 일본 같은 온천이 없냐는 질문을 받아 설명하기 곤란했던 적이 있다고 했다. 우리나라는 지질학적으로 화산활동이 미비해 대부분의 온천이 비화산성이다. 제주도뿐만 아니라 대부분의 국내 온천은 마그마가 깊이 있어 지하수가 마그마에 도달하지 못한다. 하지만 온천수가 아닌 건 아니다. 마그마로 데워진 물은 아니지만 지열로 데워진 온천수다. 땅속으로 100미터 내려갈 때마다 1도가 상승하는 원리로 지하수가 데워진다. 이렇듯 당연하게 여겼던 제주의 자연현상에는 나름의 이유가 존재했다. 새벽부터 시작된 일정이라 잠깐 잠을 자려고 했지만 정신없이 노트에 받아 적었다.

설명을 듣는 사이 수월봉에 도착했다. 모처럼 수월봉 해설사분들과 반갑게 인사를 나누었다. 궂은 날씨임에도 탐방객에게 열정적으로 해설을 하고 있었다. 마침 한 그룹의 외국인 관광객이 지나갔고 선두에서는 영어 관광통역사가 해설을 하는 모습이 보였다. 답사에 참가한 관광통역사들이 동료를 보며 반가워했다.

수월봉을 뒤로한 채 중문 방향으로 향했다. 멀리 산방산이 보인다. 해안도로나 평화로를 타고 중문으로 가다 보면 웅장한 산방산이 이방인을 반겨 준다. 제주의 탄생 설화에는 설문대할망이 한라산 정상을 뽑아 던진 것이 산방산이 됐다고 한다. 한낱 신화로 여길 수도 있지만 백록담 분화구와 산방산의 둘레가 비슷하고 암석 성분이 비슷해 보여 재미난 상상을 하게 된다. 하지만 지질학적 시간으로 보면 산방산이 백록담보다 훨씬 먼저 만들어졌다. 20여 년 전 제주를 처음 왔을 때 가장 인상 깊었던 풍경 중 하나가 산방산이었다. 자전거를 타고 경사진 도로를 올라 산방산 삼거리에 도착해 마주한 산방산의 위엄이 대단했다. 당시만 해도 주차장에 차량 몇 대가 전부였다. 매점은 한산했고 오가는 사람은 적었다. 멀찌감치 보이는 하멜상선전시관에 대한 기억이 전부였다. 용머리해안은 안중에도 없었다. 당시 그 옆으로 난 사계해안에서 캠핑을 했던 기억과 더위를 식히려 바다에 들어갔던 생각이 났다. 옛 추억을 되새기는 사이 버스는 용머리해안 주차장에 도착했다.

"산방산을 답사하는데 왜 이쪽으로 왔나요?"

"여기서 봐야 산방산의 구조를 가장 잘 볼 수 있습니다."

주차장을 지나 매표소 앞에 이르자 장애물 없이 산방산의 웅장한 모습이 보였다. 무엇보다 젓가락 모양의 주상절리가 산방산을 에워싸고 있었다. 사실 얼마 전까지 주상절리가 제주도 중문해안에만 있는 줄 알았다. 용암이 물을 만나면서 차갑게 식는 과정에서 수축되어 만들어진 게 주상절리인줄 알았다. 대부분의 사람들은 그렇게 알고 있다. 전 박사는 우리가 알고 있는 가장 큰 오류 중 하나가 주상절리가 만들어지는 원리라고 말했다. 그도 그럴 것이 안내판이나 인터넷 정보를 보면 용암이 차갑게 식는 과정에서 수축된다는 설명과 함께 바다 근처 해안 절벽에 있는 주상절리 사진을 보여 준다. 이 사진을 본 사람이라면 용암이 물을 만나서 식는다고 생각한다. 이 지점이 바로 오류다. 주상절리는 뜨거운 용암이 식으면서 부피가 줄어들고 수직으로 쪼개짐이 발생해 만들어진다. 여기서 용암이 식는 이유는 공기와 접촉하기 때문이다. 만약 용암이 물과 만났다면 엄청난 폭발을 일으키며 베개용암Pillow Lava을 만들었을 것이다. 해수면보다 훨씬 높이 위치한 산방산에 큰 규모의 주상절리가 만들어진 사실만 보더라도 주상절리의 형성은 물과 아무런 연관성이 없다. 주상절리는 주로 오각형이나 육각형의 기둥으로 만들어지지만 사각형이나 칠각형의 주상절리도 있다. 설명을 듣고 많은 관광통역사들의 표정에 희비가 엇갈렸다. 그간 용암이 물을 만나 식으면서 주상절리가 생겼다고 해설했다는 사실을 부인하기 쉽지 않았을 것이다. 그렇다면 눈앞에 보이는 엄청난 크기의 산과 주상절리는 어떻게 만들어졌을까. 산방산은 80만

년 전에 만들어진 화산체로 용머리해안과 더불어 제주도 지표에서 볼 수 있는 가장 오래된 화산체다. 산방산은 분출 당시의 용암 성분이 점성이 높은 조면암질 용암이라 멀리 흘러가지 못하고 위로 솟은 형태로 굳어졌다. 굳어진 모양이 종을 닮았다고 해서 종상화산鐘狀火山·Tholoide이라고도 부른다. 지금의 주상절리는 길게 늘어진 수직 구조 형태지만 원래는 부채꼴 모양이었다. 오랜 풍화작용을 거치며 휘어진 부분이 떨어져 나가고 거대한 수직 기둥만 남은 것이다.

산방산을 뒤로하고 용머리해안으로 향했다. 용머리해안은 용이 머리를 들고 바다로 들어가는 모습을 닮았다고 해서 붙여진 이름이다. 용머리해안은 120만 년 전 수성화산활동으로 만들어진 화산체로 제주도에 있는 화산체 가운데 가장 오래되었다. 높은 지대에서 용머리 상부를 보면 산방산 주변의 화산재층이 용머리지층을 덮고 있는 모습이 보인다. 이는 용머리해안이 산방산보다 먼저 만들어졌다는 것을 말한다. 용머리화산체는 겉으로 보면 길게 늘어진 단일 화산체처럼 보이지만 세 개의 화산이 폭발해 만들어졌다. 세 개의 수성화산은 시간차를 두고 가운데, 안쪽, 바깥쪽 순서로 폭발했다. 화산학에서 수성화산활동으로 만들어진 생긴 화산체는 응회구Tuff Cone와 응회환Tuff Ring으로 나뉜다. 마그마가 폭발할 때 만나는 물의 양에 따라 화산체의 형태가 달라지며 용머리해안은 응회환에 해당한다. 마그마와 물의 양이 비슷하면 화구에서 나온 화산분출물이 뜨거운 화산가스나 수증기와 섞여 수평으로 퍼져나간다. 이때 물기가 적어 넓고 완만한 언덕을 이루는 화산체를 응회환이라고 한다. 반대로 마그마가 만난 물의 양이 많으면 화산분출물이 축축하게 젖은 채로 튀어 올랐다가 떨어져 쌓인다. 이때 물기가 많아 경사가 가파른 언덕을 이루는 화산체를 응회구라고 하며 성산일출봉이 대표적인 응회구다. 다 비슷해 보이는 화산체지만 나름의 형성 기원이 있다. 용머리해안은 화산체가 무너져 분화구가 막히자 화구가 이동하면서 폭발해 세 개의 화산체가 만들어진 것이다. 해안가를 따라 드러난 화산지층은 파도와 바람에 풍화되고 남은 분화구의 가장자리 부분이다. 수월봉에서 봤던 화산쇄설층과는 다른 느낌이었다. 수월봉보다 더 오랜 시간 풍화를 거쳐서인지 단단해 보였다.

마지막 목적지인 중문대포해변 주상절리로 이동했다. 성산일출봉과 더불어 가장 많은 여행객이 찾는 장소다. 전망대 위에서 내려다본 주상절리의 모습은 언제 봐도 아름답다. 이곳은 중문의 옛 지명인 '지삿개'를 따서 지삿개 주상절리라고도 부른다. 제주도에는 이곳 외에도 중문 예례동 해안가, 안덕계곡, 천제연폭포, 산방산 등에 주상절리가 고루 발달해 있다. 주로 서귀포 대포동에서 월평동까지 이르는 3.5킬로미터 구간에 집중적으로 발달했다. 주상절리를 보기 위해 주로 중문대포해변을 많이 찾지만 다른 지역에서도 독특한 모양의 주상절리를 관찰할 수 있다.

중문대포해변 주상절리는 14만~25만 년 전에 북쪽에 있는 녹하지오름에서 분출된 현무암질 용암이 해안 방향으로 흐르며 굳어져서 만들어졌다. 용암이 천천히 식으면 최소한의 변의 길이와 최대의 넓이를 가지는 육각기둥 모양으로 굳는 경향을 보인다. 가뭄 때 논바닥이 거북등 모양으로 갈라지는 것과 같은 현상이다. 이런 균열들이 수직으로 발달해 수천 개의 기둥으로 나뉘었다. 이들은 용암의 두께, 냉각 속도 등에 따라 높이와 지름이 다양한 모습으로 발달한다. 사실 18세기 중반까지만 해도 주상절리는 바닷속에서 침전해서 만들어진 걸로 생각했다. 18세기 후반 분화구에서 흘러나온 용암이 주상절리와 연결된 것이 관찰되면서 새로운 전기를 맞이한다. 전망대에 올라 주상절리 단면을 보면 주상절리 상부에 클링커Clinker가 있는 두꺼운 용암층이 있다. 용암층이 공기를 접하면서 빨리 식은 윗부분은 거친 표면의 클링커 구조가 발달하고 천천히 식은 하부에 주상절리 구조가 발달한 것을 볼 수 있다. 주상절리는 용암의 상부에서는 아래로, 하부에서는 상부로 발달하는 특징이 있다. 이러한 특성 때문에 수직의 절리가 위로 가면서 여러 방향으로 휘어지거나 뒤엉킨 형태로 발달하기도 한다.

한참을 넋을 놓고 주상절리를 바라보았다. 파도가 주상절리에 부딪치며 내는 소리가 대형 극장에 있는 파이프 오르간을 연주하는 소리 같았다. 전 박사를 따라 전망대 근처 동쪽 해안가로 이동했다. 좀 더 가까이 접근해서 주상절리를 관찰하기로 했다. 작은 포구만 한 반대편 해안가로 내려오니 조금 전에 설명을 들었던 휘어진 형태의 주상절리가 장관을 이루고 있었다. 마침 물이 빠져 가까이 가서 볼 수 있었다. 1,000도가 넘는 용암이 빚은 자연의 조형물을 마주하니 기분이 묘했다.

조수웅덩이와
갯깍주상절리

"길이 맞나? 너무 좁은데."

갯깍주상절리를 답사하기 위해 색달동 해변으로 향했다. 내비게이션이 경사가 심한 좁은 길로 계속 안내했다. 동행한 후배 재영이 길이 아닌 것 같다고 잠시 차를 세우고 주변을 살폈다. 왼쪽으로 덤불이 우거진 숲과 절벽 아래로 하천이 보였다. 먼발치를 내려다보니 해변에 작은 주차장이 보여 계속 이동하기로 했다. 주차장 한쪽에 주상절리 사진과 함께 안내판이 보여 마음이 놓였다. 이곳은 갯깍주상절리대로 해안을 따라 걸으며 주상절리대의 웅장함을 느낄 수 있는 곳이다. 주상절리대 안내판을 읽고 있을 때 재영이 옆에 있는 작은 안내판을 보라고 귀띔했다. 예래마을 조간대 조수웅덩이라고 적힌 안내판이 보였다. 조수웅덩이라는 생소한 단어가 눈에 띄었다.

조간대는 조수 간만에 의해 바다가 잠겼다가 다시 드러나는 지역을 말한다. 밀물 때 들어온 바닷물이 썰물 때 바위 주변 웅덩이에 고여서 작은 물웅덩이를 만든 셈이다. 제주의 해안은 다양한 형태의 화산암석으로 이뤄져 조수웅덩이가 많이 발달했다. 조수웅덩이는 해양 생물의 중요한 서식지 역할을 한다. 용암이 굳으면서 만들어진 크고 작은 구멍과 바위틈은 작은 해양 생물의 든든한 은신처가 된다. 거친 파도를 피해 조수웅덩이에서 몸집을 키운 해양 생물은 다시 바다로 돌아간다.

갯깍주상절리대로 가기 전에 조수웅덩이를 먼저 보기로 했다. 마침 썰물 때라 주변 해안이 모습을 드러냈다. 거친 아아 용암지대를 지나 몇 걸음 걸어가자 작은 조수웅덩이가 보였다. 무릎을 꿇고 웅덩이 수면 가까이를 보니 여러 종류의 해양 생물이 살고 있었다. 생물들의 이름을 일일이 알 수는 없었지만 제주 바다를 축소한 것 같은 느낌이다. 마치 우주에 있는 수천 개의 은하계를 보는 것 같다. 웅덩이마다 고유한 생태계를 이루고 있지만 다른 웅덩이의 모습을 볼 수는 없다. 자기들이 사는 웅덩이가 바다의 전부라고 생각할 것이다. 지구에만 생명체가 산다고 생각하는 인간의 모습과 닮았다. 하지만 기회는 있다. 밀물이 들어오면 바닷물에 의해 다른 웅덩이로 이동할 수 있다. 작은 생물은 큰 웅덩이로 이동해 더 큰 세상을 볼 수도 있고, 몸집이 큰 생물이 작은 웅덩이로 이동해 좁은 공간과 먹이 부족으로 운명을 달리할 수도 있다. 스스로 운명을 선택할 수는 없지만 자연의 섭리에 따라 종은 다양해지고 생태계가 유지된다.

"재영아, 이런 풍경을 보면 기분이 어때?"

"제주 바다의 태곳적 모습을 보는 것 같네요. 바닷속에 들어가 볼 수는 없지만 이런 모습이 아닐까요."

과학자들의 연구에 따르면 조수웅덩이는 해양 생물과 육상 생물이 서식하는 경계 지점에 해당해 세계 다른 해역과 비교해도 월등히 생물 다양성이 풍부한 곳이다. 그만큼 보존 가치가 높은 지역이지만 해마다 생물종이 줄어들고 있다. 무분별한 해안 지역 개발과 사람의 손길 때문이다. 조수웅덩이는 사람이 가지고 노는 수족관이 아니다. 건강한 해양 생태계를 유지하기 위한 중요한 생태 자원이다. 자료를 찾아보니 많은 기관과 연구자들이 조수웅덩이 보존을 위해 노력하고 있었다. 조간대를 따라 한 시간 정도 산책을 했다. 별빛이 쏟아지는 밤에 다시 이곳에 오고 싶어졌다. 우주의 은하계와 바다의 은하계가 만나는 이곳에서 태곳적 자연의 소리를 듣고 싶었다.

주차장에서 갯깍주상절리대로 향하는 길에는 폭이 제법 넓은 하천과 다리가 있다. 차로 내려오며 보았던 예래천이다. 예래천은 다른 제주의 하천과 달리 상시 물이 흐르는 하천이다.

물이 잘 빠지는 절리 구조 때문에 태풍이나 장마 때를 제외하고 대부분의 제주 하천은 물이 없는 건천이다. 예래천에 늘 물이 흐르는 건 발원지인 색달동에 위치한 용천수 덕분이다. 용천수인 대왕수와 소왕수에서 사계절 내내 물이 흘러내리기 때문이다. 용천수는 지하수가 지층의 틈새를 뚫고 솟아난 물로 제주 사람들의 생명수 역할을 했다. 물이 귀한 제주 사람들은 용천수가 샘솟는 지역을 중심으로 부락을 이루었다. 지금도 제주 해변 마을을 지나다 보면 돌담으로 쌓아 놓은 용천수의 모습을 볼 수 있다. 제주 사람들은 용천수가 솟아나는 곳에는 오염 물질을 막기 위해 돌담을 쌓아 관리했다. 물이 풍부한 예래천 주변은 미나리 농업이 성업 중이다. 올봄 서귀포 하례리에 있는 효돈천에 갔을 때 현지 전문가로부터 효돈천은 생물 다양성 측면에서도 중요한 역할을 한다고 들었다. 한라산 중산간 지역에서 시작된 하천을 통해 식물의 씨앗이 하류까지 흘러내려 하류에도 군락을 이룬다. 달리 말하면 생명의 씨앗이 흐르는 강이다. 현재 효돈천은 유네스코 생물권보존지역으로 지정돼 생태적 가치를 보존하고 있다. 제주의 하천은 그냥 하천이 아니다. 인간에게는 생명수를, 자연에게는 종을 확산하는 매개체 역할을 한다. 지금은 제주 전역에 상수도가 보급돼 용천수 사용이 줄었지만, 여전히 용천수는 자연이 준 최고의 선물이다.

다리를 건너 해변에 이르자 본격적으로 높이 40미터에 이르는 주상절리대의 모습이 펼쳐졌다. 해변 초입부터 약 200미터에 이르는 구간에 주상절리대 수직 절벽이 이어진다. 주상절리대 옆으로 둥근 모양의 몽돌이 해변을 이루고 있다. 이는 제주의 다른 해안에서 볼 수 없는 특이한 형태다. 몽돌의 기원은 바로 옆으로 난 주상절리대에서 떨어져 나온 암석으로 육각형의 암석 조각이 파도의 침식을 받아 둥근 모양으로 다듬어진 것이다. 침식 정도에 따라 크고 작은 바위로 이루어진 해변은 걷기에 제법 난이도가 있다. 전망대에서만 볼 수 있는 다른 지역과 달리 이곳은 직접 주상절리대를 만져 볼 수 있다. 무엇보다

파도의 침식으로 만들어진 15미터 높이의 해식동굴이 장관이다. 제주 해안에는 크고 작은 해식동굴이 많지만 주상절리대 양쪽을 관통하는 해식동굴은 유일하다. 파도가 몽돌에 부딪치는 소리를 들으며 해변을 따라 걷자 해식동굴이 모습을 드러냈다.

바다에서 본 월평동굴과 주상절리,
그리고 한라산

"중문 대포포구 근처에 월평동굴이라는 동굴이 있습니다."

주상절리 탐험을 마무리할 무렵 한 통의 문자를 받았다. 중문 대포포구에 있는 요트회사 담당자인 허윤영 씨가 연락한 이유를 설명했다. 요트투어를 할 때마다 선상에서 보이는 해안 동굴이 어떤 지형인지 궁금했는데 한 번 봐줄 수 있냐고 물어보았다. 한가한 시간에 내려오면 요트를 타고 월평동굴 근처까지 접안이 가능하다고 했다. 속으로 쾌재를 불렀다. 지형 탐사를 할 때 중요한 것 중 하나가 여러 각도에서 지형을 보는 것이다. 특히 주상절리나 해식동굴 같은 지형은 전망대에서만 봐서는 정확한 실체를 이해하기 어렵다. 찰스 다윈이 비글호를 타고 항해를 한 것도 같은 이유다. 대표적으로 해안지형은 파도에 깎인 암석의 단면을 볼 수 있다. 또한 파도가 심한 곳에는 해식동굴 지형이 발달하고 다양한 해양 동식물의 서식처가 된다. 무엇보다 선상에서 한라산의 남쪽 면을 보고 싶었다. 바다와 해안지형 그리고 오름, 한라산을 한눈에 보는 것이야말로 제주의 원형을 보는 가장 좋은 방법이라는 생각이 들었다. 일단 혼자 가는 것보다 전문가들과 함께 답사를 하는 게 좋을 것 같아 탐험대를 꾸리기로 했다. 가장 먼저 떠오른 사람은 화산학자인 전용문 박사다. 제주도 화산 연구의 중심에 있는 그가 합류한다면 더 의미 있는 탐사가 될 것이다. 또 한 사람 서대문자연사박물관 백두성 팀장에게 연락을 했다. 박물관 전시기획을 하는 그가 본다면 단순한 풍경 여행이 아닌 과학 교육 프로그램으로 발전될 가능성이 있어보였다. 무엇보다 나와 호주, 알래스카 등을 함께 탐험한 경험이 있어 손발이 잘 맞았다. 그리고 제주에 사는 아마추어 천문가 안세진 씨에게 연락을 했다. 제주 토박이인 그는 이번 탐사에서 가장 이상적인 지형 사진을 촬영해 줄 것이다. 사실 부산에 사는 드론 전문가 조남석 씨가 합류하기로 했지만 아쉽게도 비행 편을 구하지 못했다. 연락을 받고 하루 만에 화산학자, 지질학자, 천체사진가, 탐험가로 탐험대를 꾸렸다. 백두성 팀장과 제주로 내려가는 비행기에서 짧은 대화가 이어졌다.

"팀장님 예나 지금이나 제주도로 수학여행을 많이 오는데 코스는 비슷한 것 같아요."

“자연유산은 변하지 않으니 비슷하겠죠. 자연을 보고 느끼는 건 개인의 몫이지만요.”

지질학을 전공한 그와 이런 주제로 자주 대화를 했다. 세계 어디를 가든 지질학적 명소가 주요 관광지 역할을 하지만 시각적인 경이로움에 비해 의미를 알고 가는 경우는 드물다. 일단 수억 년 전에서 수천만 년까지를 아우르는 지형의 연대 설명에서 많은 이들이 지루함을 느낀다. 암석은 다 비슷해 보이고 층층이 쌓인 퇴적층도 여행자의 시선에는 그저 색깔이 다른 지층으로 보일 뿐이다. 요즘에는 스토리텔링 개념을 도입해 흥미 요소를 이끌어 내지만 한계가 있다. 그래서 과학자들은 연구만큼이나 전달하는 방식에 대해서도 고민을 한다. 정보가 넘쳐나는 세상이니 핵심과 맥락을 전달하는 게 더 중요해졌다. 나 역시 탐험가로서 비슷한 고민을 한다. 과학에 관심 없던 일반인에서 과학을 주제로 탐험을 하는 탐험가로 살아가며 느낀 점은 ‘사람들은 자신의 일상과 접점이 없는 과학에는 큰 의미를 두지 않는다’는 것이다. ‘과학을 어떻게 사람들의 일상과 연결시킬까’는 우리에게 큰 화두다.

마지막 요트투어 시간인 네 시에 맞춰 요트회사가 있는 대포포구에 도착했다. 바다가 잘 보이는 2층 건물 위에 요트회사 간판이 보였다. 먼저 도착한 안세진 씨와 함께 요트회사 사무실로 향했다. 연락을 준 허윤영 씨가 탐험대를 반겼다. 잠시 후 전용문 박사가 도착해 출항을 준비했다. 오랜 시간 제주의 화산 지형을 연구한 전 박사도 큰 배를 타고 해안지형을 본 적이 없다고 해서 모두 기대감이 컸다. 50명이 탈 수 있는 배에 승무원을 포함해 여덟 명이 탑승했다. 이중선체로 만들어진 요트는 5,000년 전 대양 항해를 위해 만든 폴리네시아인들의 카누를 닮았다. 그들은 카누 덕분에 수천 킬로미터 떨어진 하와이까지 항해를 했다. 폴리네시아 해양협회는 이중선체 카누의 복제선인 호쿠알라호를 제작해 타히티부터 하와이까지 항해에 성공해 이를 입증한 적이 있다. 덩달아 모두 비글호의 선원이 된 것처럼 설레었다. 진화론의 창시자 찰스 다윈도 우연하게 비글호에 승선한다. 영국 해군 조사선인 비글호의 선장인 피츠로이는 지루한 항해에 적합한 젊은 생물학자를 찾았고 당시 캠브리지대학에서 식물학을 가르치던 헨슬로 교수는 피츠로이에게 다윈을 추천했다. 헨슬로의 강의에 매료된 다윈은 비글호 항해에 합류하게 된다. 오랜 항해는 다윈의 건강을 악화시켰지만 그는 진화론의 토대를 만드는 중요한 경험을 한다. 화석으로만 보던 동물을 실제로 관찰했고 갈라파고스 제도 탐사를 통해 섬에 따라 새의 부리 모양이 다르다는 점을 발견해 종의 진화를 눈으로 확인했다.

과학기자로 일하던 시절 한국판 비글호 항해 프로젝트를 취재할 기회가 있었다. 지질학자인 권영인 박사가 다윈 탄생 200주년을 기념해 비글호 항해를 따라 탐험에 나섰다. 중학생 시절 비글호 항해기를 읽고 해양 탐험을 꿈꾸던 그는 언젠가 꼭 비글호 루트를 따라가는 탐험을 기약했고 대학에 입학한 후 꿈을 현실로 이루기 위해 요트부에 가입하고 본격적인 항해술을 익혔다. 지질학자로 20년을 근무하던 그는 연구소를 퇴직한 뒤 사제를 털어 장보고호를 만들어 항해에 나섰다. 그의 항해는 다윈에 대한 동경을 넘어 현재 인류가 직면한 지구온난화의 현장을 조사해 당시 사회적으로 큰 반향을 일으켰다. 이처럼 탐험은 시대에 따라 목적과 의미가 끊임없이 변하고 있다. 당시 그가 보낸 원고를 몇 편의 기사로 만들며 그의 탐험을 흠모하던 기억이 났다. 한국으로 돌아오기 한 달 전 배가 좌초되는 바람에 중도에 포기하고 말았지만 그가 귀국하던 날 선배 기자와 함께 작은 플래카드를 만들어 배웅을 나갔던 기억이 난다. 권 박사는 언젠가는 좌초된 지점에서 다시 탐험을 시작할 것이라고 다짐했다. 그의 대답이야말로 진정한 탐험 정신이라고 느꼈다. 탐험은 많은 시행착오와 실패를 거듭하지만 그걸 넘어서는 순간 미지의 세계를 마주한다. 인생도 마찬가지가 아닐까. 크건 작건 실패에 대한 두려움으로 아무것도 하지 않는다면 기회조차 주어지지 않을 것이다.

잠시 후 집채만 한 요트가 움직였다. 첫 번째 목적지는 중문대포해안 주상절리다. 늘 전망대 위에서 보던 주상절리를 선상 위에서 보면 어떤 모습일까. 가장 완벽한 구조의 지형을 보는 것도 좋지만 월평동굴 주변의 주상절리를 비교해 보는 의미도 크다. 과학은 늘 의심하고 탐구하는 태도다. 완벽한 이론이 있어도 이를 흔들 만한 증거가 발견되면 왕좌의 자리를 내어준다. 요트가 잔잔한 바다 위를 미끄러지듯이 움직였다. 멀찌감치 대포해안 주상절리의 모습이 눈에 들어왔다. 주상절리 부근에 이르자 파도가 심해져 가까이 접안은 어려웠다. 하지만 선상에서 본 주상절리의 모습은 더욱 장관이다. 전망대에 서서 봤던 주상절리는 일부에 지나지 않았다. 대포포구에서 대포해안 주상절리에 이르는 해안 절벽은 모두 병풍처럼 주상절리가 펼쳐져 있다. 파도가 잔잔해진 틈을 타 좀 더 가까이 가니 바다 속까지 이어진 주상절리 구조가 보였다. 전 박사가 설명을 이어갔다.

"눈에 보이는 게 전부가 아닙니다. 해수면이 낮은 시기에 만들어진 주상절리가 바다 아래까지 이어져 있습니다."

설명을 듣고 보니 바다에 가까운 쪽 주상절리는 파도에 침식되어 단면이 드러난 절리 구조가 선명하게 보였다. 셀 수 없이 중문대포해안 주장절리를 조사했던 전 박사도 선상 위에서 수

상절리를 본 건 처음이라며 설명보다 감상에 심취했다. 전망대에서 주상절리를 보던 여행객들이 우리를 향해 손을 흔들었다.

월평동굴은 중문대포해안 반대편에 있어 서둘러 배의 기수를 돌렸다. 배가 방향을 틀자 구름에 가렸던 백록담이 모습을 드러냈다. 해변에 병풍처럼 펼쳐진 주상절리와 용암을 만든 오름 그리고 완만한 경사면의 한라산과 백록담이 한눈에 들어왔다. 어떤 형용사도 표현할 수 없는 감동이 밀려왔다. 아마도 한라산을 서양에 알린 독일인 겐테가 보았던 풍경이 이것이 아니었을까. 그는 중국으로 가는 배를 타고 제주 근해를 지나가면서 한라산의 모습을 보고 탐험에 대한 강한 충동을 느꼈다. 누구라도 이 모습을 보았다면 그랬을 것 같은 기분이 들었다. 흔히 전망대를 생각하면 높은 지대를 떠올리지만 전체를 보려면 한걸음 뒤로 물러서야 한다는 진리를 확인하는 순간이다.

월평동굴로 향하는 해안 절벽은 새로운 지형으로 가득했다. 중문대포 주상절리와 다르게 주상절리가 여러 각도로 휘어져 있었다. 큰 규모의 두께를 가진 용암층이 서서히 식을 때, 외부의 힘이 작용해 용암이 움직이면 기울어진 형태의 주상절리가 만들어진다고 전 박사가 설명했다. 그 옆으로는 입구가 수평으로 넓게 이어진 동굴이 보여 전 박사에게 물으니 그도 처음 보는 형태라고 말했다. 파도에 의해 깎여서 만들어진 형태가 아니라 외부의 다른 힘에 의해 만들어진 동굴 같다고 말했다. 잠시 후 월평동굴에 이르자 전 박사가 동굴 주변을 한참 쳐다보았다. 갯깍주상절리처럼 파도의 침식에 의해 만들어진 해식동굴이라고 생각했지만 전혀 다른 형태라고 말했다. 선상 위에서 정면으로 세 개의 동굴 입구가 보였고 모든 동굴 내부 방향이 비슷한 각도로 꺾여 있었다. 파도가 세고 수심이 낮아 가까이 접안할 수 없어 안세진 씨가 가져온 망원경으로 지형을 관찰했다. 우리는 후일 육로를 통해 월평동굴을 추가로 탐험하기로 했다. 월평동굴 내부에 들어가지는 못했지만 권영인 박사의 탐험처럼 우리도 다음 탐험을 기약했다. 월평동굴을 관찰하는 사이 어느새 노을이 붉게 물들었다. 대포포구로 귀항하는 선상에서 본 태양은 마치 고리를 두른 토성 같았다. 역사 속 수많은 탐험가들이 노을을 보며 잠시 탐험의 고충을 잊었을 것이다. 여건이 된다면 제주 해안을 돌며 천천히 풍경을 보고 싶다는 생각이 들었다. 시선이 바뀌니 익숙했던 일상이 달리 보였다. 망원경이 우주를 보는 새로운 전기를 마련해 준 것처럼 선상 탐험은 제주의 자연을 새롭게 바라보는 전기를 마련했다.

산방산

주소 제주도 서귀포시 안덕면

전화번호 064-794-2940

관람 시간 9:00~17:30

용머리해안

주소 제주도 서귀포시 안덕면 사계리

전화번호 064-794-2940

관람 시간 9:00~18:00(만조 및 기상 악화 시 통제)

중문대포해변 주상절리

주소 제주도 서귀포시 중문동

전화번호 064-738-1521

관람 시간 8:00~18:00

갯깍주상절리

주소 제주도 서귀포시 색달동

거문오름 화산체의 비밀

거문오름

△

만장굴

▽

월정리

그야말로 오름의 땅,
제주

제주는 오름의 땅이다. 제주도에는 370개가 넘는 오름이 있다. 규모로 보면 한라산이 수많은 오름을 압도하지만 오름이 없는 제주의 풍경은 상상이 되지 않는다. 오름은 화산활동으로 만들어진 분화구이기 전에 제주 사람들의 삶과 떼려야 뗄 수 없는 관계를 가진 장소이기 때문이다. 오름의 역사는 제주 탄생 설화와 함께 시작된다. 태초에 설문대할망이 치마폭으로 흙을 실어 한라산을 만들었고 치마폭에서 떨어진 작은 흙더미가 오름이 되었다. 더불어 제주 사람들은 오름을 신들을 모시는 당으로 섬겨 왔다. 오름 이름에 '당'은 마을을 지켜 주는 신이 사는 집을 의미한다. 무엇보다 말과 소를 키우는 방목지로, 목재를 얻는 산림으로 이용했다.

한 가지 추가하면 제주가 세계자연유산으로 선정되는데 결정적인 역할을 한 것도 오름이다. 대다수 사람들이 제주가 세계 자연유산이라는 건 알지만 구체적으로 어떤 점 때문에 자연유산으로 선정되었는지는 모른다. 한라산 동쪽 지대에 있는 거문오름이 아니었다면 제주도의 가치가 지금처럼 세상에 알려지지 못했을 것이다.

20만 년 전, 수차례 걸쳐 거문오름에서 분출된 많은 양의 용암이 경사진 지형을 따라 13킬로미터 떨어진 지금의 월정리, 김녕 해안가 방향으로 흘러가는 동안 벵뒤굴, 만장굴, 김녕굴, 용천동굴, 당처물동굴 등 여러 개의 용암 동굴을 만들었다. 이 동굴들은 거문오름의 용암 분출로 만들어진 동굴이라는 의미에서 일명 거문오름 용암 동굴계라고 불린다. 거문오름의 첫 번째 분출로 높이 456미터의 화산체 모양이 만들어졌고 점차 화산 분출의 세기가 줄고 많은 양의 용암이 흘러나오면서 동굴들이 만들어졌다. 이 동굴들은 규모, 형태, 2차 동굴생성물 등이 독특한 지질학적 구조를 가지고 있어 세계자연유산으로서의 가치를 인정받았다. 이런 차별화된 특징을 가진 거문오름 용암 동굴계, 성산일출봉, 한라산을 포함하는 '제주 화산섬과 용암 동굴'이 세계자연유산으로 선정되는데 결정적인 역할을 한 것이다.

거문오름을 포함해 제주의 오름을 이야기할 때 김종철 선생을 빼놓을 수 없다. 제주민예총 강정효 이사장의 표현을 빌리면 김종철 선생은 한라산을 1,000번 이상 등반하며 산과 더불어 살아온 사람이자 제주도 전역의 오름 330여 개를 직접 발로 뛰며 조사하고 기록한《오름나그네》세 권을 펴내며 수천 년 동안 말없이 제주 사람들과 애환을 함께했던 오름에 생명을 불어넣은 사람이다. 그가 오름을 답사하던 시절에 비하면 오름에 대한 연구는 일취월장했다. 하지만 그의 답사 기록이 없었다면 현재 오름 연구의 토대는 없었을 것이다. 여전히 오름에 관한 기사가 나올 때면 그의 저서가 인용된다. 암으로 세상을 떠난 그의 유해는 화장한 뒤 한라산 선작지왓에 있는 탑궤 주변에 뿌려졌다. 선생의 오름 사랑은 돌아가신 후에도 계속되고 있는 것이다.

거문오름은 사전예약을 통해서만 출입이 가능하다. 우리는 하루 전에 예약을 하고 이른 아침부터 거문오름으로 향했다. 거문오름을 탐방하려면 세계자연유산센터를 거쳐야 한다. 세계자연유산센터는 박물관 기능과 더불어 거문오름을 보존하는 곳이다. 예약을 했더라도 자유롭게 탐방할 수는 없고 해설사 안내에 따라서만 탐방이 가능하다. 세계자연유산센터라고 해서 전형적인 탐방안내소를 상상했지만 여느 박물관과 비교해도 손색이 없을 정도로 멋진 건물이다. 오름을 닮은 유선형 외관을 가진 건물 중심에는 작은 중앙광장이 있어 고개를 들면 거문오름 삼나무 군락지가 보인다. 하와이 킬레우에아 화산국립공원에도 비슷한 탐방안내소가 있다. 탐방안내소에는 옆의 분화구에서 뿜어져 나오는 연기를 볼 수 있는 볼캐노하우스라는 호텔이 있다.

탐방안내소에서 오름 출입증을 받고 탐방객들과 오름 정상으로 걷기 시작했다. 삼나무가 가득한 숲길을 걷기 시작하니 바닥의 붉은 화산재 알갱이가 눈에 띈다. 화산용어로 스코리아라고 부르며 제주어로 '송이'라고 한다. 거문오름 화산체는 능선 길이 4.4킬로미터, 바닥 지름 1킬로미터에 이르는 거대한 화산분화구다. 두 번의 화산활동으로 만들어진 거문오름은 용암의 양이 증가하면서 분화구의 약한 벽면이 부서졌고 용암이 해안 방향으로 흘러내렸다. 분화구 내부에는 알오름이라는 작은 오름이 있어 다양한 동식물의 서식지가 되고 있다. 10여 분 걸어 삼나무 숲을 지나니 거문오름 정상에 도착했다. 오름에 오르면 확 트인 풍경과 원형의 분화구를 떠올리지만 거문오름은 다르다. 규모가 크고 수목으로 덮여 있어 오름이라기보다 능선에서 건너편 능선을 보는 기분이다. 해설사의 설명이 없었다면 이곳이 오름이라는 사실조차 모르고 지나갈지도 모른다. 그나마 정상 아래로 보이는 원시림이 삼나무 숲과 구분되어 알오름이라는 것을 짐작할 수 있다. 좌측으로 시선을 돌리면 둥그런 오름의 한쪽 벽면이 없는 모습이 뚜렷하게 보인다. 거대한 산자락

갈지만 스마트폰으로 지도를 검색해 보니 여지없는 말발굽 모양의 오름이다. 해설사의 설명에 따르면 제주 오름의 90%는 거문오름처럼 말발굽 형태라고 한다. 엄청난 양의 용암이 넘치고 넘쳐 산 하나 크기의 벽면을 무너트린 것이다. 거문오름 정상에서 서면 건너편 능선을 따라 솟아 있는 아홉 개의 봉우리가 보인다. 이 봉우리들은 화산분출물이 쌓여 만들어진 분화구로 비바람에 깎여 지금은 아홉 개의 윤곽만 남아 있을 뿐이다.

정상에 오른 기쁨도 잠시, 서둘러 분화구로 내려갔다. 이슬비가 내린 덕에 분화구로 내려가는 나무 계단에 달팽이가 많이 보였다. 달팽이는 습한 환경을 좋아해 밤이나 비 오는 낮에 주로 활동한다. 달팽이의 느린 걸음 때문에 만들어진 속담도 있다. "지나가는 달팽이도 밟으면 꿈틀한다", "달팽이도 집이 있다" 등. 달팽이는 굼벵이와 더불어 연약한 존재를 대표한다. 오죽하면 연약한 달팽이도 집이 있는데 어찌 사람이 집이 없겠냐는 말이 나왔을까. 달팽이의 나선형 집을 보니 용암 동굴이 떠올랐다. 용암의 흐름은 예측할 수 없다. 용암의 점성, 지형의 경

사에 따라 퍼져 나가는 길이 전부 다르다. 거문오름 용암 동굴계 중 벵뒤굴이 나선형 달팽이집을 닮았다는 생각이 떠올랐다. 거문오름의 첫 번째 화산 폭발로 만들어진 벵뒤굴은 거문오름 용암 동굴계 중 내부 구조가 가장 복잡하다. 나중에 분출된 용암이 먼저 만들어진 동굴을 가로지르면서 미로형 동굴을 만들었기 때문이다. 지금은 보존을 위해 통제되어 있지만 발굴 조사 당시 사람이 거주했던 흔적과 다양한 형태의 유물이 발견되기도 했다.

이런저런 상상을 하며 내려가는 사이 무리에서 뒤처져 마지막으로 숲을 빠져나왔다. 숲 밖으로 나오자 사람들이 넓게 펼쳐진 갈대숲을 배경으로 사진 찍기에 바쁘다. 평범한 갈대밭 같지만 무너져 내린 오름 벽면의 흔적이다. 20만 년 전 거대한 용암 강의 발원지인 것이다. 거문오름 분석구의 화산활동 과정은 1983년부터 활동 중인 하와이 킬레우에아 화산의 푸우오오 분석구를 통해 엿볼 수 있다. 휘발 성분을 잃은 화산은 급격하게 용암을 뿜지 않고 적은 양의 용암을 오랜 시간 꾸준히 뿜어서 낮은 순상지楯狀地·Shield를 만든다. 천천히 흘러나온 묽은 용암인 파호이호이 용암은 지나는 길에 용암 동굴을 만들고 먼 거리에 있는 해변으로 흘러가 용암 해안을 만든다.

알오름 초입부터 길 옆에 고사리가 무성하다. 잠시 화산학자의 옷을 벗고 쥐라기Jurassic로 들어가는 공룡학자가 된 기분이다. 고사리와 석송으로 대표되는 양치식물은 고생대 페름기Permian에 출현해 공룡과 같은 시대를 살았다. 지금 흔히 보이는 양치식물은 크기가 작지만 화석으로 발견된 양치식물 중에는 사람의 키보다 훨씬 큰 것도 있다. 하와이 빅아일랜드에 갔을 때도 사방이 양치식물로 덮여 있었다. 어둠침침한 원시림 양쪽으로 제주도보다 훨씬 큰 키의 양치식물이 군락을 이루고 있었다. 마치 당장이라도 사냥감을 노리는 공룡이 뛰어나올 것만 같았다. 이렇게 양치식물이 주는 독특한 분위기 때문이었을까. 스티븐 스필버그 감독은 하와이 카우아이 섬Kauai I.에서 영화 <쥬라기 공원Jurassic Park, 1993>을 촬영했다. 현재 촬영지였던 쿠알로아 랜치Kualoa Ranch는 공원으로 조성되어 여전히 많은 여행객이 찾는 명소가 되었다.

오늘날 인류가 사용하는 화석연료는 양치식물의 탄화炭化·Carbonization 과정을 통해 만들어졌다. 대표적인 것이 석탄이다. 석탄이 되는 탄층을 만들려면 엄청난 양의 식물 물질이 필요하다. 1미터 두께의 식물 퇴적물이 0.1밀리미터 두께의 석탄층을 만든다. 오늘날 석탄은 대기오염의 요인 중 하나로 밝혀져 예전만큼 대접받지는 못하지만 우리가 생각하는 것 이상으로 어마어마한 시간을 거쳐 만들어진 셈이다. 석탄이 만들어지는 탄화 과정은 지금도 계속 진행 중이다. 다만 양치식물이 군락을 이룬 습지 환경이 훼손되지 않고 지속적으로 퇴적물이 매몰될 때 가능한 일이다. 흔히 양치식물은 늪과 습한 지역에만 서식한다고 알고 있지만, 그렇지 않다. 고생대말까지만 해도 고사리는 습한 지역에서만 번식했다. 수정을 하기 위한 정자가 이동하려면 물이 필요했기 때문이다. 하지만 오늘날에는 극지방부터 열대, 아열대우림까지 골고루 서식한다. 일명 툰드라 지대라고 불리는 영구동토층에서도 특유의 질긴 생명력을 발산하는 양치식물을 발견할 수 있다.

숲으로 들어가자 내리막길이 시작된다. 분화구 속으로 들어가는 느낌이다. 분위기는 으스스했지만 피톤치드가 온몸을 감싼다. 몇 걸음 지나자마자 나무로 만든 다리가 나왔다. 짧은 계곡을 건너는 다리겠거니 생각했지만 앞에 도착하니 다리 아래로 깊은 협곡이 보인다. 하지만 육지에서 보던 물이 흐르는 협곡과는 사뭇 다른 모습이다.

"용암 동굴의 천장이 무너져서 생긴 협곡이에요. 분화구에 인접한 지역은 폭발할 때 생기는 지진으로 천장이 쉽게 무너집니다."

이렇게 용암 동굴의 천장이 무너지면서 만들어진 지형을 용암 협곡 또는 붕괴 도랑Collapse Trench이라고 부른다. 용암이 분화구에서 분출하면 용암 동굴이 생성되는데 분화구에서 가까운 부분은 용암의 양이 일정하지 않아 천장이 불안정하게 만들어진다. 불안정한 천장은 작은 충격에도 쉽게 무너져 붕괴 도랑을 만든다. 천장이 무너져 내린 용암 동굴의 아랫부분은 오목한 지형을 만들며 연중 일정한 온도와 습도를 유지해 1년 내내 푸른빛을 내는 상록식물의 서식지가 된다. 겨울철에 항공사진을 촬영하면 용암 협곡에서 자라는 상록식물의 강줄기가 마른 갈대밭과 확연히 구분된다.

동굴은 오래전부터 인간과 동물의 중요한 은신처였다. 동굴에는 햇빛이 전달되지 않아 지상에 비해 춥지만 동굴을 둘러 싸고 있는 암석층이 외부 기후로부터 내부를 차단해 기온을 안정적으로 유지해 준다. 천장이 날아간 협곡을 보며 붉은 용암이 흐르던 용암 동굴을 떠올리기란 쉽지 않다. 반쪽뿐인 동굴이지만 여전히 새로운 종의 보금자리 역할을 한다. 용암 협곡을 지나 나무로 된 탐방로를 따라 한참을 걸었다. 어느덧 익숙해진 구실잣밤나무의 모습과 새소리가 들렸다. 조류학자인 김완병 박사는 새소리만 듣고도 종류를 알아챘다. 심지어 어수선하게 엉켜 있는 나뭇가지 위에 몇 마리의 새가 앉아 있는지도 알았다. 빼곡하게 들어선 삼나무 고목 아래 파여 있는 자국을 보고는 딱따구리 흔적이라고 알려 주었다.

탐방안내소에서 거문오름을 바라볼 때부터 삼나무가 눈에 거슬렸다. 부드러운 자태를 뽐내는 오름의 모습과 어딘지 모르게 어울리지 않았다. 삼나무는 제주 고유종이 아니다. 정부의 산림녹화 정책에 의해 1970년대 심은 수목이다. 갈대로 덮여 있던 자리에 삼나무를 심었고 삼나무는 제주도 산림 생태계의 일부로 자리 잡았다. 주로 방풍림 용도로 심은 삼나무 숲은 생태계에 많은 변화를 몰고 왔다. 탐방로를 중심으로 양쪽의 생태계를 보면 확실히 구별이 된다. 삼나무 군락 주변에는 키가 작은 나무나 다른 식물들이 거의 보이지 않았다. 반대쪽은 전형적인 곶자왈 지대로 용암지대 위에 다양한 수목이 공생하고 있었다. 귀를 기울이면 삼나무 숲에서는 동물 소리가 들리지 않지만 곶자왈 지대는 새소리와 곤충 소리가 가득하다. 최근 들어 제주 숲의 원형인 곶자왈을 보존하려는 노력의 일환으로 산림청에서 다양한 연구가 진행되고 있다. 동행한 해설사가 가리키는 곳을 보니 삼나무 한 그루가 베어져 있다.

"삼나무 한 그루만 베어도 주변 생태계가 다양해집니다."

정말 그랬다. 나무 밑동만 남은 삼나무 주변으로 양치식물을 포함해 여러 식물의 덩굴이 자리를 잡아가고 있었다. 마치 도시계획으로 만든 아파트 단지가 아니라 이웃집의 위치, 주변 환경을 고려해 지은 시골마을 같았다.

알오름 내부를 둘러보는데도 시간이 꽤 걸렸다. 숲속으로 들어갈수록 원시림의 비경이 끝없이 펼쳐졌다. 지금은 사라진 숯가마, 태평양 전쟁 당시 지은 일본군 동굴진지가 원시림의 일부가 되어 세월의 흔적을 보여 주었다. 긴 시간의 트레킹에도 불구하고 덥다는 느낌이 없었다. 사방이 분화구 벽으로 둘러싸여 있지만 숲속 기온은 선선했다. 자연 에어컨이라고 불리는 풍혈風穴·Air Hole 덕분이다. 풍혈은 지층의 변화로 생긴 구멍으로 거미줄처럼 얽혀 분화구 밖까지 이어져 신선한 바람을 숲 안으로 가져온다. 풍수학적으로는 용의 입김이 나오는 곳이라 말하며 숨골이라고도 부른다. 거문오름의 강렬한 화산 분출은 멈췄지만 용암이 흐르던 자리에는 바람이 흐르고 있다. 바람이 불어오는 방향을 따라가면 거문오름이 만든 장대한 용암 동굴의 끝자락을 만날 수 있을 것만 같다. 용암 바람의 흔적을 찾기 위해 지하 세계로 들어갈 시간이다.

만장굴,
지하 세계 속으로

다음 날 김완병 박사와 만장굴로 향했다. 사람들의 기억 속에 만장굴은 특별한 장소다. 제주도로 수학여행을 간 사람이라면 분명 만장굴을 들렀을 것이다. 제주도가 신혼여행지로 주목받던 시절에는 필수 코스 중 하나였다. 지금이야 박물관과 카페가 많아 날씨에 상관없이 어디에서든 비를 피했지만 불과 10여년 전만 해도 비가 오는 날에는 만장굴과 제주민속자연사박물관밖에 비를 피할 곳이 없었다. 김 박사가 말하길 그 당시 비가 오는 날에는 하루 평균 1만 명이 넘는 관람객이 방문했다고 한다.

이날도 공교롭게 아침부터 비가 내렸다. 23년 전 수학여행 버스 안에서 보았던 커다란 안내판이 그대로였다. 옛날에는 대수롭지 않게 여겼던 터라 기억나지 않지만 만장굴 입구까지 들어가는 길이 꽤 길다. 이 일대가 김녕리임을 알려 주는 안내판이 중간중간 보였다. 어느덧 만장굴 입구에 도착하니 예전의 기억이 떠오른다. 관광버스에서 내려 선생님의 뒤를 따라 만장굴 입구로 들어갔었다. 기와지붕으로 만든 매점 건물이 빛바랜 채로 자리를 지키고 있다. 달라진 것이 있다면 만장굴이 세계자연유산으로 선정된 후 만든 전시관과 잔디밭에 세워진 용암 석주 모양의 분수대가 전부다. 우리는 지질해설사를 만나러 매표소로 향했다. 아직 이른 시간이라 매표소 앞이 한산한 덕분에 매표소 옆에 붙여 놓은 현수막이 눈에 띄었다.

"10월 2일은 한산 부종휴 선생과 꼬마 탐험대들이 만장굴을 처음으로 발견한 날입니다."

한산 부종휴 선생 기념사업회에서 붙인 현수막이다. 익히 책에서 보고 알고 있었지만 부종휴 선생이 만장굴을 처음으로 발견한 날 만장굴에 방문하는 행운을 거머쥐다니 기뻤다.

부종휴 선생은 제주도의 세계자연유산을 빛낸 선각자라 불린다. 1946년 당시 김녕초등학교 교사로 근무하던 그는 제자들과 함께, 짚신을 신고 횃불을 들고 만장굴을 처음으로 탐험했다. 지금의 만장굴 제 1입구를 발견한 부종휴 선생은 제자들로 꾸려진 꼬마 탐험대를 만들어 본격적인 만장굴 탐험에 나선다. 《화산섬 제주세계자연유산, 그 가치를 빛낸 선각자들》에 따르면 부종휴 선생은 꼬마 탐험대에 대한 자부심이 대단했다. 비록

지금은 비공개인 만장굴 3입구

초등학생들로 꾸려진 탐험대지만 김녕 부근에 있는 20여 개의 굴을 답사한 경험을 가지고 있었고 한라산까지 등반한 탐험대라고 설명했다.

처음 이 이야기를 들었을 때, 그 꼬마 탐험대가 정말 인상 깊었다. 꼬마 탐험대라니! 이름만 들어도 설레는 기분이다. 어느 날처럼 학교에 등교했더니 담임선생님이 무언가를 발견하고 흥분해서 아이들에게 이야기를 했을 것이다. 분명 꼬마 탐험대는 선생님의 발견에 호기심 어린 눈빛으로 좋아했을 것이다. 호기심을 나누는 순간 사제 관계를 넘어 한 탐험대의 일원이 되어 동굴 속을 탐험하는 장면을 그렸을 것이다. 비를 맞으며 한참 동안 현수막을 바라보고 있으니 김 박사가 뒤쪽에서 이름을 불렀다. 돌아보니 부종휴 선생과 꼬마 탐험대의 기념비 앞에 서 있는 김 박사가 보였다. 만장굴 탐험의 주역인 부종휴 선생이 손을 내미는 조형물과 꼬마 탐험대가 횃불을 들고 웃고 있는 조형물이 서로 마주보며 71년 전 그날의 기쁨을 표현하는 것처럼 보였다. 부종휴 선생이 내민 손을 잡으면 당장이라도 그가 만장굴을 안내해 줄 것만 같았다. 유명한 관광지에 가면 어디에나 역사 속 위인의 동상이 있다. 그들의 거룩한 업적을 떠올리며 상념에 잠기기도 한다. 하지만 부종휴 선생의 동상은 사뭇 달랐다. 일상에서 쉽게 만날 수 있는 평범한 교사와 학생들이 이뤄

낸 엄청난 발견을 떠올리니 함께 어울려 파티라도 하고 싶은 친근한 기분이 들었다.

잠시 후 지질공원해설사가 있는 사무실로 이동해 부종휴 선생에 얽힌 이야기를 더 들었다. 선생은 처음의 탐험 이후 네 차례에 걸쳐 동굴 탐험을 이어갔고 마침내 이전까지의 조사를 토대로 마을 사람들이 '만쟁이거멀'이라고 부르는 곳이 동굴이 끝나는 지점이라는 것을 알아냈다. 지금 불리는 만장굴의 지명은 '만쟁이거멀'에서 유래한 것이다. 그는 1965년 5월에 만장굴에서 결혼식을 올리며 또 다시 주목을 받았다. 자신이 발견한 미지의 공간에서 인생의 가장 중요한 순간을 맞이한 것이다. 부종휴 선생은 평생을 제주의 자연을 탐구하는 데 헌신했다. 동굴 탐사 외에도 한라산의 주요 등산로를 개척하기도 했다. 비록 그는 세상에 없지만 꼬마 탐험대 중 세 분이 아직 살아 계신다.

얼마 뒤 꼬마 탐험대로 활동하셨던 김두전 선생을 만나 만장굴 탐험 뒷이야기를 들었다. 팔순이 넘은 그는 시대를 앞선 교육자로서의 부종휴 선생을 생생히 기억했다. 해방 직후 신임 교사로 부임한 부종휴 선생은 정규 과목 외에 과학반, 음악반, 탐험반을 만들어 제자들을 가르쳤다. 과학반 활동을 위해 일본에서 현미경을 사 오고, 음악반에서 두각을 보인 제자를 위해 자신의 첼로를 내어 주었다. 유독 탐험반에는 더 큰 열정을 쏟았다. 만장굴 탐험 당시에도 호기로 접근하지 않았다. 탐험 당시 조명반, 측량반, 기록반, 보급반으로 팀을 나누고 동굴 내부의 길이, 폭 등을 면밀하게 관측했고 다양한 동굴생성물에 대한 교육도 시도했다. 무명의 동굴에 이름을 지을 때도 제자들의 의견을 따랐고 졸업하기 전에 이름을 선포하는 영광을 제자들에게 안겼다. 나는 이 대목에서 깊은 감명을 받았다. 부종휴 선생은 교육자이면서 과학자였다. 그가 학생들에게 보여 준 모습은 과학을 하는 진정한 태도라고 생각한다. 지식을 외우는데 그치지 않고 발견하고 실패하는 과정을 학생들과 공유하고 성과를 인정해 준 것이다. 71년 전 만장굴 이름을 선포했던 지금의 김녕초등학교 교정까지 그와 함께 걸었다. 정문 옆에 부종휴 선생과 꼬마 탐험대 기념비가 있었다. 조형물 안에 횃불을 든 부종휴 선생과 꼬마들의 모습이 새겨져 있다.

"선생님, 만세를 부르는 소리가 들리는 것 같습니다."

"네, 아직도 생생합니다."

만장굴이란 이름을 선포하고 만세를 불렀던 그날의 함성이 들리는 것만 같았다. 부종휴와 꼬마 탐험대의 일화는 단순한 탐험기를 넘어선다. 이들의 탐험은 세계사에서도 유래를 찾기 힘든 시도이자 발견이었다. 시대가 변해도 모험과 개척 정신이 얼마나 중요한지 보여 준 위대한 일화라는 생각이 든다.

우리는 동굴 내부를 자세히 보기 위해 손전등을 빌려 만장굴 안으로 들어갔다. 만장굴은 우리나라 천연 동굴 가운데 최초로 천연기념물로 지정된 곳으로 총 길이가 7.4킬로미터이며 주 통로는 폭이 18미터, 높이가 23미터에 이른다. 만장굴 같은 용암 동굴은 다른 나라에도 많지만 만장굴만큼 내부 형태와 지형이 잘 보존된 곳은 드물다. 만장굴 주변에는 거문오름 화산체의 분출로 만들어진 용암 동굴이 많지만 보존을 위해 공개하지 않고 일반인에게 공개된 동굴은 만장굴이 유일하다. 만장굴은 세 개의 입구가 있지만 일반인이 출입할 수 있는 입구는 제 2입구로 1킬로미터 구간만 탐방이 가능하다.

23년 만에 다시 들어가는 동굴 입구가 낯설었다. 이미 많은 관람객이 우산을 쓰고 동굴 입구로 줄지어 들어갔다. 동굴에 들어가면 비를 맞지 않을 텐데 왜 우산을 쓰고 들어가는지 조금 의아했지만 계단을 지나 동굴 초입에 들어가자마자 이유를 직감적으로 알 수 있었다. 동굴 천장에 보이는 절리 구조 틈으로 스며든 물방울이 하염없이 떨어졌다. 제주에서는 동굴에 들어와야 빗물이 지하로 스며드는 과정을 비로소 알 수 있다. 화산섬의 실체를 이해한 것 같아 기분은 좋았지만 우산을 쓰고 동굴을 탐방하는 모습이 왠지 낯설다. 비가 오는 날에는 동굴밖에 갈 곳이 없다는 말을 입증하듯 사람들이 가득했다.

김 박사의 안내를 받으며 한걸음씩 동굴 내부로 들어갔다. 가장 대표적인 동굴의 형태는 용암 동굴과 석회동굴이다. 용암 동굴은 이름 그대로 현무암질 용암이 흐르고 지나가는 과정을 통해 만들어진 동굴이다. 이에 반해 석회동굴은 석회암 지대에서 지하수가 석회암을 녹여서 생긴 동굴이다. 이론적으로는 이해가 가지만 만장굴의 규모를 보면 용암의 양이 얼마나 많았는지 상상조차 힘들다. 이 정도 규모의 용암 동굴이 만들어지려면 엄청난 폭발과 함께 많은 양의 용암이 흘러내렸을 것이다. 한 차례가 아닌 수차례에 걸친 용암 분출에 의해서 만들어졌을 것이다.

거문오름 화산체에서 분출된 용암은 1,200도에 이르는 파호이호이 용암이다. 점성이 낮은 파호이호이 용암은 땅 위를 흐르고 바깥 공기와 만난 용암천의 표면이 굳어져 용암 지붕을 만든다. 용암 지붕 아래로 흐르는 용암이 다 빠져나가고 나면 용암 동굴이 만들어진다. 내부로 들어갈수록 동굴 천장의 높낮이가 달랐다. 점점 낮아지는가 싶더니 이내 다시 높아진다. 그 이유는 용암의 흐름을 막고 있는 장애물 때문이다. 용암의 양이 줄어들거나 용암의 흐름을 막고 있는 장애물이 제거되면 굳은 부분은 남아 있고 흐르던 용암은 높이가 낮아져 높낮이가 달라진다. 동굴 벽 양쪽을 보면 용암이 흐른 자국인 용암 유선이 여러 층으로 선명하게 보인다. 용암 유선을 보면 용암이 흘러간 방향과 높이를 알 수 있다. 석회동굴에 가면 종유석을 쉽게 볼 수 있지만 용암 동굴은 윤곽이 드러난 종유석을 보기가 쉽지 않다. 석회동굴은 오랜 시간 동굴에 지하수가 떨어지면서 종유석이 자라지만 용암 동굴은 단단한 현무암이 굳어졌기 때문에 종유석을 보기가 어렵다. 하지만 만장굴에서는 작지만 뚜렷한 형태의 종유석을 볼 수 있다. 손전등으로 천장이 낮은 곳을 비추어 보니 고드름 모양의 용암 종유석이 뚜렷하게 보인다. 천장에 붙어 있던 용암이 떨어져 내리면서 굳어져 검은색 종유석을 만든 것이다. 벽면을 비추니 용암의 높이가 낮아지면서 흘러내린 용암 자국이 선명하게 보였다.

천장이 낮은 동굴을 지나자 조명이 환한 넓은 공간이 나왔고 철골 구조물로 만든 탐방로가 시작됐다. 탐방로 입구 옆을 보니 누가 봐도 발가락 모양으로 생긴 용암지대가 나왔다. 안내문을 읽어 보니 용암 발가락이다. 용암이 흘러가는 앞부분에서 용암이 여러 갈래로 갈라지면서 굳어진 형태다. 그런데 이상하게도 앞부분이 동굴 입구를 향하고 있다.

"박사님, 용암 발가락이 해안 방향이 아니라 입구를 가리키고 있네요. 중간에 용암의 흐름이 바뀐 건가요?"

"만장굴은 하나의 동굴처럼 보이지만 여러 층으로 만들어진 동굴이에요. 위층에 있는 용암 지붕이 무너지면서 흘러내린 용암이 입구 방향으로 흘러내렸습니다. 탐방로 끝에 가면 그 흔적을 볼 수 있어요."

최근 연구에 따르면 용암 석주가 호니토와 유사하다는 견해도 있다. 아직도 탐방로 끝까지는 거리가 꽤 남았다. 도대체 얼마나 많은 용암이 천장을 뚫고 내렸기에 여기까지 흔적이 남았을까. 내심 빨리 확인하고 싶어 다른 용암 생성물을 제쳐 두고 빠른 걸음으로 용암 발가락의 발원지를 찾아 걸었다. 몇 분을 걸어 들어가니 오른쪽에 천장에서 떨어진 암석으로 보이는 돌무더기가 보였다. 크기와 떨어진 개수로 보면 많은 양이 천장에서 떨어진 걸로 보여 손전등으로 천장을 비추어 보았다. 하지만 암석이 떨어진 흔적이 보이지 않았다. 김 박사에게 이 많은 암석은 어디서 떨어졌냐고 물으니 조금 전에 보았던 천장을 가리켰다. 추가 낙하를 막기 위해 코팅 처리를 해서 암석이 떨어진 형태가 보이지 않았던 것이다. 그 옆의 천장을 비추니 육각형 모양의 절리 구조로 된 천장이 보였다. 용암 동굴의 암석은 열을 받을 때는 팽창했다가 식으면서 수축하는 현상 때문에 천장에서 빈번하게 암석이 떨어진다. 천장에서 떨어진 돌무더기 앞쪽으로 넓은 동굴 광장이 펼쳐졌고 탐방로의 끝 지점에서 기념촬영을 하려는 사람들로 가득했다.

"여기가 바로 용암 발가락의 발원지예요."

동굴 바닥부터 쌓인 웅장한 모습의 용암 석주가 동굴과 동굴을 이어주고 있었다. 위층에서 흘러내려온 용암이 굳어져 만들어진 이 용암 석주는 7.6미터 높이로, 세계에서 가장 큰 규모에 속한다. 탐방로의 끝이기도 하지만 용암 석주가 만장굴의 주인공이라고 말해 주는 듯 조명이 환하다. 꼬마 탐험대 생존자인 김두전 선생님은 71년 전 동굴을 탐험하며 용암 석주 아래에서 도시락을 먹었다고 회상했다. 돌아 나오는 길에 동굴을 느끼기 위해 모든 감각을 집중했다. 동굴은 인류에게 미지의 공간이면서 안식처를 제공하는 장소다. 문명 간의 교류가 없던 원시시대조차 동굴에서는 유사한 형태의 벽화가 발견된다. 언젠가부터 인간은 동굴을 떠나 거주지를 만들었지만 아직도 동굴은 다양한 생물의 안식처다. 만장굴에도 붉은박쥐를 비롯해 제주굴아기거미 등 42종의 동굴 생물이 살고 있다. 눈에 보이지는 않지만 생물보다 더 많은 종류의 박테리아의 서식지이기도 하다. 인간의 호기심은 늘 새로운 발견을 찾기 때문에 동굴의 발견도 예외일 수는 없다. 하지만 일부 구간을 공개해 동굴 생태계의 소중함을 일깨우는 일도 보존만큼 중요한 일이다.

동굴 밖으로

만장굴과 함께 거문오름 용암 동굴계로 불리는 벵뒤굴, 김녕굴, 용천동굴, 당처물동굴이 월정리 해변까지 늘어서 있다. 그중 용천동굴은 세계자연유산 등재 작업이 한창 진행 중이던 2005년에 발견되어 세계자연유산 등재의 기폭제 역할을 했다.

용천동굴은 2005년 5월 전신주 공사를 하던 중 전신주가 용암 지붕을 뚫고 떨어지는 바람에 우연히 발견되었다. 특이한 점은 당처물동굴처럼 용암 동굴이면서 석회암동굴의 동굴생성물이 발견되어 전 세계 동굴학자들의 주목을 받았다. 두 동굴 지대 위의 지표는 모래언덕이다. 월정리 방향에서 날아온 조개껍데기 같은 패류로 만들어진 모래가 쌓여 퇴적층을 만들었다. 빗물에 녹은 탄산염 성분이 동굴 틈으로 뻗은 나무뿌리를 타고 스며들어 동굴 안에 석회동굴에서나 볼 수 있는 종유석을 만들

용천동굴

당처물동굴

었다. 2007년 유네스코 세계자연유산 등재문에는 "용천동굴은 뛰어난 시각적 충격을 주는, 세계에서 가장 아름다운 동굴이다"라는 극찬이 실려 있다.

만장굴을 뒤로한 채 이번 탐험을 정리할 마지막 장소로 이동했다. 탐험의 마지막은 거문오름 용암 동굴계가 끝나는 김녕, 월정리 해변에서 가까운 게스트하우스로 잡았다. 조천리 앞바다에 위치한 게스트하우스에 저녁 무렵 체크인을 했다. 저녁 시간이 다가오니 젊은 여행자들이 속속들이 도착했다. 서로의 제주 여행기를 나누던 중 제주가 처음이라는 친구가 내게 여행지 추천을 부탁했다.

"제주의 원형을 보고 싶다면 거문오름부터 가 보는 건 어떨까요."

옆에서 듣던 장기투숙객이 물었다.

"거문오름? 처음 들어 보는데요."

"한라산과 성산일출봉, 그리고 거문오름의 폭발로 생긴 용암 동굴들 덕분에 제주도가 세계자연유산에 선정되었어요."

"제주가 세계자연유산인 건 알았지만 정확히 어떤 것 때문에 선정되었는지는 몰랐어요."

"내일 같이 가 볼래요?"

다음 날 월정리 해변이 보이는 펍에 자리를 잡았다. 맥주 한 모금을 들이키며 오가는 사람들을 바라보았다. 분주해 보이는 해변 산책로 사이로 '세계자연유산 마을 월정리'라는 안내판이 보인다. 세계자연유산인 거문오름 용암 동굴계의 중심축인 용천동굴과 당처물동굴을 품고 있는 월정리는 아이러니하게도 제주도에서 가장 소비적인 공간으로 변했다. 하지만 여느 때와 달리 복잡한 관광지의 풍경이 눈에 거슬리지 않았다. 일부 옛 모습을 잃었지만 젊은 세대가 만드는 생동감이 느껴졌다. 또한 제주를 그저 먹고 마시는 소비의 대상이 아닌, 제주의 자연과 문화를 다시금 되새기려는 시도가 늘어나고 있다.

나도 이번 탐험을 통해 한 가지 꿈이 생겼다. 늘 발견되지만 잊히고 마는 제주 자연의 원형을 더 많은 사람들에게 알리고 싶어졌다. 탐험을 통해 좀 더 많은 지역을 둘러보고 지식을 얻었지만 제주가 가진 것에 비하면 작은 부분에 지나지 않는다. 인간이 알고 있는 우주의 실체가 4%라고 한다. 탐험 이전과 지금의 나도 그와 다르지 않을 것이다. 제주를 바라보는 새로운 눈을 얻었을 뿐이다. 비양도 분화구로 들어가 용암이 만든 제주의 자연을 둘러보고 거문오름이 만든 용암 동굴로 빠져나온 기분이다. 화산 분출로 만들어진 투박한 땅 위에 기적처럼 만들어진 자연, 그리고 자연을 안식처로 살아 있는 것들의 기운이 느껴졌다. 모처럼 보는 바다 풍경을 만끽하고 게스트하우스로 돌아왔다. 바닷물의 수위가 내려간 틈을 타 게스트하우스 앞 용암지대를 거닐었다. 파호이호이 용암지대 위에 거북등 모양의 주상절리 구조가 여기저기 보인다. 제주의 원형은 따로 있는 게 아니었다. 내가 서 있는 바로 그 자리가 제주의 원형이었다.

제주세계자연유산센터
- 거문오름 탐방 예약

주소 제주도 제주시 조천읍 선교로 569-36
전화번호 064-710-8981
탐방 시간 9:00~13:00(30분 간격 출발)
휴식일 설날, 추석, 기상악화시
탐방료 어른 2,000원, 청소년 1,000원
홈페이지 wnhcenter.jeju.go.kr

만장굴

주소 제주도 제주시 구좌읍 김녕리 3341-3
전화번호 064-710-7903
관람 시간 9:00~18:00
휴식일 첫째 주 수요일
입장료 어른 2,000원, 청소년 1,000원

제주의 과학자와 탐험가에게

탐험을 떠올리면 위험이란 단어가 꼬리표처럼 붙는다. 틀린 말은 아니다. 인간에게 위험은 늘 두려움의 대상이다. 지금껏 소수의 사람만이 위험을 감수하고 탐험에 나섰다. 그들에게는 선택지가 없었다. 안전을 보장해 줄 도구나 시스템도 없었다. 오로지 체력과 동료들에게 의지해 위험을 감내했다. 그들은 열악한 조건 속에서 미지의 세상을 발견했고 자연사의 잃어버린 고리를 찾아냈다. 그래서인지 그들의 탐험기는 발견보다 위험에 초점이 맞춰져 있다. 하지만 탐험이 반드시 위험을 동반해야 하는 일이라면 탐험도, 탐험가도 존재하지 않았을 것이다. 인류의 역사를 되돌아보면 탐험의 역사라고 해도 과언이 아니다. 7만 년 전 아프리카에 살던 최초의 인류는 더 나은 서식지를 찾아 탐험에 나섰다. 우주왕복선 디스커버리호에 실려 외롭게 우주로 날아간 허블우주망원경은 인류에게 새로운 우주를 보여 주었다. <아바타>를 제작한 제임스 카메론 감독은 NASA 과학자들과 심해저를 탐험하고 얻은 통찰력을 바탕으로 영화에 등장하는 생물들을 디자인했다. 이렇듯 시대에 따라 탐험의 가치가 바뀌고 있다. 단순히 신체적인 한계를 극복하는 모험을 넘어 인간의 본질적인 호기심과 상상력을 자극하는 문화적 가치로 변하고 있다. 제주에는 탐험가가 많다. 여기서 말하는 탐험가는 포괄적 의미다. 과학적 발견을 위해 연구하는 과학자부터 자신이 나고 자란 제주도를 아끼는 사람들을 모두 말한다. 이번 제주 탐험을 통해 만난 탐라도의 탐험가들을 이 지면을 통해서 소개하고 싶다.

제주민속자연사박물관 김완병 박사는 조류학자다. 그는 새소리만 듣고도 둥지의 위치를 찾아낸다. 천상 조류학자지만 이것이 전부가 아니다. 그의 관심사는 제주를 구성하는 여러 학문과 맞닿아 있다. 제주의 새는 숲에서 살고 숲을 이루는 나무는 용암지대 위에 뿌리를 내렸다. 관점을 확장하면 조류학은 지질학, 생태학, 문화까지 연결되어 있다. 처음 그와 만나던 날을 기억한다. 박물관 정원에서 차를 마시며 짧은 시간에 제주도 전체를 머릿속에 그려 주었다. 지질학을 제주도 과학의 전부로 인식하는 오류를 범하지 않도록 균형감을 심어 주었다. 그와 함께 한라산 조릿대 숲을 헤치고 만난 숨은물뱅듸습지의 장엄함은 평생 잊지 못할 순간이다.

그의 동료인 김현경 학예연구사는 지질 분야 연구와 전시를 담당한다. 박물관에 갈 때마다 제주 탄생 기원에 대한 이야기를 들려주었다. 그가 아니었다면 설문대할망의 제주 탄생 설화와 제주도 섬 모양이 좌우로 길게 늘어진 이유인 판구조론이 관련 있다는 사실을 어떻게 알았겠는가.

제주특별자치도 세계유산본부 소속의 전용문 박사는 나의 화산학 스승님이다. 검은색 용암지대 떠올리면 그의 얼굴이 첫 번째로 떠오른다. 지난 10년간 국내외를 탐험하며 많은 지질학자를 만났다. 야외 답사에서 그처럼 명료하게 지구 이야기를 들려주는 사람을 본 적이 없다. 제주도가 유네스코세계유산으로 선정되는 과정에서 실무를 담당했고 이제는 유네스코세계지질공원 현장심사단 위원으로 활동하며 제주는 물론 우리나라 지질공원의 위상을 높이고 있다. 지질공원해설사들 사이에도 그는 인기 최고다. 전 박사가 등장하면 해설사 분들의 표정이 밝아진다. 수십 번도 더 들었을 내용이지만 그의 설명을 집중해서 받아 적는다. 만약 화성 탐사에 함께할 지질학자를 뽑는다면 주저 없이 그와 탐사를 갈 것이다. 그는 태양계 화산활동의 비밀을 밝혀낼 최고의 적임자다.

화산지층으로 유명한 수월봉 입구에 가면 고춘자, 박정희, 장순덕 지질공원해설사 설명을 들을 수 있다. 이들은 수월봉 인근에 위치한 고산리 주민이다. 각자 다른 인생을 살았지만 지금은 고향의 자연을 설명하는 일을 업으로 삼고 있다. 지질공원 해설사는 지역 주민을 대상으로 교육을 거쳐 선발한다. 지질공원의 과학적 가치에 스며 있는 사람들의 이야기와 설화를 들려줄 사람들은 그들뿐이다. 그들을 만날 때마다 참 멋진 인생을 살고 있다는 생각이 든다.

김완병 박사를 통해 난대아열대산림연구소 김찬수 소장을 처음 만났다. 식물분류학자인 그와 대화를 나눈 건 한 시간 남짓이다. 짧은 만남이었지만 제주에 산림연구소가 있다는 것이 자랑스러웠고 그의 식물탐험기가 무척 흥미로웠다. 제주에 분포하는 관속식물을 연구하는 그는 제주와 식생이 비슷한 몽골 알타이 지역 탐사를 통해 제주에 서식하는 식물의 기원을 찾는 노력을 아끼지 않았다. 최근 그는 정년퇴임을 했지만 기회가 된다면 그의 식물 탐사에 꼭 동행하고 싶다.

제주생태관광협회 이성권 국장은 독특한 이력을 가졌다. 그는 역사를 전공했지만 지금은 제주의 식물을 기록하고 알리는 일을 한다. 김완병 박사와 숨은물뱅듸습지에 가던 날 그를 처음 만났다. 불편한 자세를 하고 식물의 이름을 부르며 사진을 찍던 그의 모습이 기억난다. 몇 달 후 우연히 동백동산습지센터에서 그와 조우했고 그가 집필한 책을 읽어 보았다. 책에도 식물과 대화하던 그의 푸른 마음이 오롯이 담겨 있었다.

송시태 박사를 알기 전까지 곶자왈이 공원 이름인줄 알았다. 지금이야 대명사처럼 불리지만 그의 호기심과 열정이 없었다면 곶자왈의 가치가 세상에 알려지지 못했을 것이다. 햇살이 따스한 어느 날 함덕중학교 도서관에서 그와 두 시간쯤 대화를 나누었다. 그가 이토록 끊임없이 제주의 허파인 곶자왈을 연구하고 보존하려는 이유가 무얼까 생각해 보았다. 나는 그가 자신이 나고 자란 제주를 몸의 일부로 여긴다는 생각이 들었다. 내가 만난 대부분의 제주 사람들은 제주를 그렇게 여겼다.

한라산에 대한 한 권의 책을 꼽으라면 난 주저 없이 제주민예총 강정효 이사장의《한라산 이야기》를 꼽는다. 한 권의 책에 한라산과 제주에 얽힌 이야기의 정수가 담겨 있다. 담담하게 써 내려간 그의 문장을 읽다 보면 한라산과 제주에 대한 그의 애정이 얼마나 큰지 짐작하고도 남는다. 그는 "제주도가 세계자연유산으로 등재된 것은 누군가의 노력도 있겠지만 그만큼 제주의 자연이 세계자연유산에 등재될 만큼의 가치를 이미 지니고 있기 때문이다"라고 했다.

사라져 가는 제주의 원형을 기록 중인 김기삼 작가도 내게 큰 울림을 주었다. 비바람이 몰아치던 날 그와 함께 해녀계로 촬영을 나섰다. 해녀계에 도착한 그는 촬영 얘기는 하지 않고 해녀 삼춘들의 물질 준비를 거들었다. 촬영 시간은 5분 남짓이지만 촬영이 성사되기까지는 한 달 가까운 시간이 소요되었다. 해녀계의 마음을 얻었기 때문에 가능한 5분이었다. 예순의 노작가는 여느 젊은 작가 못지않은 열정을 가졌다.

탐험이 끝나갈 무렵 71년 전 만장굴을 발견한 김두전 선생님을 만났다. 담임인 부종휴 선생님과 함께 횃불을 들고 만장굴을 발견한 장본인이다. 만장굴로 가는 버스 안에서 짧은 대화를 나누었다. 누구라도 학창시절 기억에 남는 스승을 꼽으라면 한 명쯤은 있을 것이다. 하지만 70년의 세월이 흐른 뒤에도 생각나는 스승이 있냐고 묻는다면 답하기 쉽지 않다. 김두전 선생님이 기억하는 부종휴 선생님은 사제 관계를 넘어선다. 횃불에 의지해 미지의 세계로 함께 들어간 스승이자 동료로 기억하시는 듯했다. 칠흑 같은 어둠 속에서 한 발자국을 내딛는 것은 이런 것이 아닐까.

작년은 제주도가 유네스코세계자연유산으로 등재된 지 10주년이 되는 해였다. 나도 이번 탐험을 통해 제주도가 '제주 화산섬과 용암 동굴'이란 이름으로 세계자연유산에 등재된 사실을 알게 되었다. 더불어 제주를 아끼고 보존하려는 고마운 분들이 많다는 사실도 알게 되었다. 하나 덧붙이자면 왜 해외에서 만난 과학자들이 제주를 오고 싶어 하는지도 알게 되었다. 이쯤 생각해 볼 문제다. 왜 제주는 국내보다 해외에서 그 가치를 더 아는 걸까. 왜 우리는 비행기를 타고 한 시간이면 닿을 수 있는 제주에 대해 잘 모르고 있는 걸까. 탐험가의 시선으로 생각하면, 제주는 우리가 생각하는 것 이상으로 크다. 서울 면적의 세 배에 달한다. 서울 사람 중에도 남산에 가 보지 않은 사람이 태반이니 자주 갈 수 없는 제주는 관광지만 가기에도 시간이 부족했을 거라고 명분을 찾아본다. 그럼 앞으로 제주를 어떻게 바라보냐고 누군가 물어볼 것이다. 과학자나 탐험가처럼 제주를 연구하고 탐험하라는 말은 아니다. 그저 제주의 과학자와 탐험가들의 목소리에 귀를 기울이면 어떨까 싶다. 그들의 목소리를 내 가족에게, 친구에게 이야기해 주면 어떨까. 작은 행동이 모인다면 우리나라의 아름다운 섬 제주에 그치지 않고 전 세계인이 제주의 가치를 알게 될 거라고 확신한다. 하늘에서도 제주를 사랑하고 계실 김종철 선생님, 부종휴 선생님, 석주명 선생님을 기리며 첫 번째 제주 탐험을 마친다.

2018년 1월 영종도 쿤스트라운지에서

문경수

제주의 지질 명소

제주도는 유네스코가 인증한 생물권보존지역, 세계자연유산, 세계지질공원으로 지정된 지역으로 국내를 넘어 세계적으로 보존 가치를 인정받은 곳이다. 독자들의 이해를 돕기 위해 본문에 소개한 지역을 포함해 일부 소개하지 못한 지역들을 저자의 관점에서 간략하게 정리했다.

제주의 람사르 습지 5

▲ 1100고지습지

2009년 환경부 습지보호지역 및 람사르 습지로 지정된 1100고지습지는 한라산국립공원 구역에 위치해서 습지 주변은 산림이며 인접하는 1100도로 맞은편에 탐방객을 위한 편의 시설이 있다. 주 습지 외곽을 따라 나무 데크와 전망대가 설치되어 있어 많은 탐방객이 찾고 있다.

▲ 숨은물뱅듸습지

숨은물뱅듸습지는 한라산 중산간 해발 980미터에 위치한 고산습지로 삼형제오름(샛오름)과 노로오름, 살핀오름의 가운데 있다. 물이 잘 고이지 않는 화산섬의 지질 특성상 한라산 산록 완사면에 형성된 산지 습지는 매우 드물게 발달된 습지로 주변의 오름 생태계와 연계돼 다양한 생태계를 보여 주기에 보존 가치가 매우 높다.

▲ 동백동산습지

선흘곶자왈에 위치한 동백동산 일대에는 열다섯 개 정도의 습지가 존재한다. 곶자왈 지대의 투수성 지질과 상록활엽수림 등을 고려하면 먼물깍습지를 포함한 동백동산습지보호지역의 생태학적 가치는 매우 높은 것으로 평가된다. 동백동산이 소재한 조천읍 선흘리1리는 2013년에 세계 최초로 '람사르 마을'로 지정되어 세계적인 생태관광지로 거듭나고 있다.

▲ 물영아리오름

제주에 있는 370여 개의 오름 중 항상 물이 마르지 않는 화구호는 열 개밖에 되지 않는데 그중 하나가 물영아리오름이다. 물영아리오름은 '산 정상의 화구호에 물이 있는 신성한 산'이라 하여 그 이름을 갖게 되었다. 화산활동에 의해 만들어진 물영아리 오름의 정상에는 지름 220미터의 분화구가 있는데, 그 안에 오직 빗물에 의해서만 수원이 확보되는 습지가 존재한다.

▲ 물장오리오름

한라산 백록담, 오백나한(영실)과 함께 신성시해 온 삼대 성산의 하나인 물장오리오름은 제주의 설화에서 제주도와 한라산을 만든 신이라고 전하는 '설문대할망'의 이야기가 깃들어 있는 대표적인 오름이다. 물장오리오름은 연중 물을 담고 있는 제주의 오름 화구호 중에서도 그 호수의 수(水) 면적이 가장 큰 것으로 유명하다.

제주의 주상절리 5

▲ 중문대포해안 주상절리

중문대포해안 주상절리대는 서귀포시 중문동에서 대포동에 이르는 해안을 따라 약 2킬로미터에 걸쳐 발달해 있다. 기둥 형태의 주상절리는 뜨거운 용암이 식으면서 부피가 줄어 수직으로 쪼개짐이 발생하여 만들어지는데, 대체로 오각형이나 육각형의 기둥 형태가 흔하다. 대포동 주상절리는 '지삿개'라는 중문의 옛 이름을 따서 '지삿개 주상절리'라고도 부른다.

▲ 천제연폭포

천제연폭포는 제주에서 가장 아름다운 폭포로 알려져 있다. 제주도의 폭포들은 모두 서귀포해안을 따라 발달했는데 서귀포해안 일대에 일어난 대규모 단층 운동으로 계단 지형이 만들어진 뒤, 하천이 발달하면서 여러 개의 폭포가 만들어졌다. 원래 폭포는 지금보다 바다에 더 가까웠지만 오랜 시간에 걸친 침식작용으로 점점 계곡의 상류 쪽으로 이동된 것으로 추정된다.

▲ 갯깍주상절리

월평마을에서 대평포구에 이르는 올레 8코스가 지나는 갯깍주상절리대의 갯깍의 '갯'은 바다를 뜻하고 '깍'은 끄트머리를 가리키는 제주어다. 갯깍은 바다 끝머리라는 의미다. 해안을 따라 펼쳐진 주상절리를 직접 만져 볼 수 있는 곳으로 유명하다. 하지만 갯깍주상절리에서는 종종 낙석이 발생하므로 주의해야 한다.

▲ 산방산

산방산은 거대한 조면암질 용암 돔으로 약 80만 년 전에 형성되었고, 용머리해안과 함께 제주에서 가장 오래된 화산지형 중 하나다. 점성이 높은 조면암질 용암은 화구에서 서서히 흘러나와 멀리 흐르지 못하고 굳어 버려 종 모양의 용암 돔을 형성했다. 산방산은 국내 어디에서도 보기 힘든 희귀한 화산지형으로 큰 가치를 지닌다.

▲ 영실기암

영실기암은 영실휴게소에서 한라산 정상으로 가는 등산로 입구에서 50미터 지점의 오른쪽 계곡에 분포한 곳이다. 영실기암에서는 주상절리와 함께 화산체의 침식과 붕괴에 의해 만들어진 지형이 잘 발달되어 있어 절경을 이룬다. 특히 주상절리가 잘 발달되어 있는 절벽은 병풍바위라고 하며 풍화·침식작용으로 수많은 돌기둥들이 남아 있는 것은 오백장군이라 부른다.

제주의 화산체 5

▲ 용머리해안

산방산 아래쪽에 자리 잡은 용머리해안은 용이 머리를 들고 바다로 들어가는 자세를 닮았다고 해서 붙여진 이름이다. 용머리해안은 120만 년 전에 만들어진, 제주도에서 가장 오래된 화산체로 한라산과 용암대지가 만들어지기 훨씬 이전에 일어난 수성화산활동에 의해 만들어진 응회환이다. 용머리 응회환은 단단하지 않은 대륙붕 퇴적물 위에 만들어졌으며 분출 도중 몇 차례에 걸쳐 화산체의 붕괴가 일어났다.

▲ 성산일출봉

제주에서 해 뜨는 광경이 가장 아름답다고 해서 제주 제 1경으로 불리는 성산일출봉은 5,000년 전에 뜨거운 현무암질 마그마가 얕은 바다 밑으로 분출하면서 차가운 바닷물을 만나 강력한 폭발을 일으키며 만들어진 대표적인 수성화산체다. 성산일출봉은 응회구의 탄생과 침식과정을 보여 주는 세계적인 지형으로 아름다운 경관과 지질학적 가치가 더해져 세계자연유산으로 등재된 곳이다.

▲ 수월봉

수월봉은 해안 절벽을 따라 드러난 화산쇄설층에서 다양한 화산 퇴적 구조가 관찰되어 화산학 연구의 교과서 역할을 한다. 수월봉은 약 1만 8,000년 전 지하에서 상승하던 마그마가 물을 만나 강력하게 폭발하며 뿜어져 나온 화산재들이 쌓이면서 형성된 응회환의 일부다. 이 구조는 전 세계 응회환의 분출과 퇴적 과정을 이해하는 데 중요한 자료로서 지질학적 가치가 매우 크다.

▲ 송악산

송악산은 밑에서부터 응회암-분석층-조면현무암-분석구의 순서로 구성되어 있다. 이러한 암석 분포는 수성화산활동에서 마그마성 화산활동으로 분출 양상이 변한 것을 보여 주는 것으로, 이런 변화는 응회환(수월봉)이나 응회구(성산일출봉)와 같이 짧은 시간에 형성되는 화산체에서 흔히 관찰되는 현상으로 분출 양상의 단면을 볼 수 있다는 점에서 송악산은 좋은 예의 하나다.

▲ 우도

우도는 형성 초기 물이 풍부한 환경에서 강력한 수성화산분출이 발생하여 섬 중앙에 소머리오름으로 불리는 응회구가 만들어졌고 물의 양이 감소하면서 폭발력이 줄어들어 분석과 용암을 분출하는 스트롬볼리형 분출(Strombolian Eruption)이 발생해 섬이 만들어졌다. 그리고 용암이 분출해 현재의 마을을 이루는 용암대지가 되었다. 우도는 수성화산의 일반적인 진화 과정을 잘 보여 주는 대표적인 사례다.

참고 문헌

도서

강시영 외, 《제주 화산섬과 용암동굴》, 제주특별자치도 세계자연유산관리단, 2014
유철인 외, 《화산섬 제주세계자연유산, 그 가치를 빛낸 선각자들》, 제주특별자치도 세계자연유산관리본부, 한라산생태문화연구소, 2009
부용식 외, 《민속자연사박물관 전시자료 해설》, 제주특별자치도민속자연사박물관, 2016
강경희 외, 《세계인의 보물섬 제주이야기》, 제주특별자치도 제주발전연구원, 2012
이성록 외, 《제주지질공원》, 한국지질자원연구원, 2013
제임스 해밀턴 지음, 김미선 옮김, 《화산 불의 신, 예술의 신》, 반니, 2015
최형순 외, 《곶자왈의 생태문화 그리고 미래가치》,국립산림과학원 난대아열대산림연구소, 2013
김경렬 외, 《지구시스템의 이해》, 박학사 , 2003
김효철 외, 《제주, 곶자왈》, 숲의틈, 2015
김두전, 《지상으로 탈출한 만장굴》, 열림문화, 2016

사이트

제주도세계지질공원 홈페이지 geopark.jeju.go.kr
국립환경과학원 국립습지센터 홈페이지 www.wetland.go.kr
선흘1리 동백동산-습지를 품은 마을 www.ramsar.co.kr
네이버지식백과 내 한국민족문화대백과 terms.naver.com

사진

본문에 사진을 실을 수 있도록 허락해 주신 제주특별자치도 세계유산본부, 제주특별자치도민속자연사박물관, 한국천문연구원, 김기삼, 안세진, 오승목, 허윤영 님께 깊은 감사의 말씀을 전합니다.

문경수의 제주 과학 탐험

초판 1쇄 펴낸날 2018년 1월 31일
초판 8쇄 펴낸날 2023년 10월 17일

지은이	문경수
펴낸이	한성봉
책임편집	김민영
책임디자인	유지연
편집	최창문·이종석·오시경·권지연·이동현·김선형·전유경
디자인	권선우·최세정
마케팅	박신용·오주형·박민지·이예지
경영지원	국지연·송인경
펴낸곳	도서출판 동아시아
등록	1998년 3월 5일 제1998-000243호
주소	서울시 중구 퇴계로30길 15-8 [필동1가 26]
페이스북	www.facebook.com/dongasiabooks
전자우편	dongasiabook@naver.com
블로그	blog.naver.com/dongasiabook
인스타그램	www.instagram.com/dongasiabook
전화	02) 757-9724, 5
팩스	02) 757-9726

ISBN 978-89-6262-216-4 03450

이 도서의 국립중앙도서관 출판예정도서목록(CIP)은
서지정보유통지원시스템 홈페이지(http://seoji.nl.go.kr)와
국가자료공동목록시스템(http://www.nl.go.kr/kolisnet)에서
이용하실 수 있습니다. (CIP제어번호: CIP2018002429)